W0357307

Christian Ludl

Die Kunst des Verkaufens

Wie Du vom Einsteiger zum erfolgreichen Verkäufer wirst

ForwardVerlag

ForwardVerlag

Die Kunst des Verkaufens

Wie Du vom Einsteiger zum erfolgreichen Verkäufer wirst

Copyright © 2023
StudyHelp GmbH, ForwardVerlag, Paderborn
WWW.FORWARDVERLAG.DE

1. Auflage

Autor: Christian Ludl

Redaktion & Satz: Daniel Weiner
Korrektorat: StudyHelp
Kontakt: info@forwardverlag.de
Umschlaggestaltung, Illustration: Max Fleitmann
Druck: mediaprint solutions GmbH

Disclaimer / Haftungsausschluss
Die Erstellung dieses Dokumentes erfolgte mit höchster Sorgfalt, dennoch behalten wir uns ausdrücklich Änderungen, Irrtümer, Auslassungen und Fehler vor.

978-3-98755-058-4

Inhalt

1 Widmung

Liebe Leserin, lieber Leser,

ich möchte Dir danken und Dich gleichzeitig beglückwünschen, dass du Dir die Zeit nimmst, mein Buch über die Kunst des Verkaufens zu lesen. Ich hoffe, dass Du genauso viel Freude und Inspiration daraus ziehen wirst, wie ich sie hatte, als ich es schrieb.

Dieses Buch ist für diejenigen, die ihre Leidenschaft für den Vertrieb entdeckt haben und dafür das Beste aus sich herausholen möchten. Es ist für jeden, der bereit ist, seine Fähigkeiten zu verbessern, seine Komfortzone zu verlassen, die berühmte Zusatzmeile zu gehen und sich auf neue Wege und Herausforderungen einzulassen.

Ich schreibe diese Widmung voller Dankbarkeit und Demut für die Unterstützung und das Feedback meiner Freunde, Familie und Kollegen – ohne euch wäre dieses Buch nie entstanden.

Ein kurzer Hinweis vorweg:

Liebe Leserinnen und Leser,

beim Verfassen dieses Buches stand vor allem der Inhalt und dessen Verständlichkeit im Vordergrund. Aus diesem Grund wurde in den meisten Fällen die grammatisch männliche Form gewählt, allerdings ohne Absicht, bestimmte Geschlechter zu bevorzugen oder zu vernachlässigen.

Diese Wahl der Sprachform stellt keineswegs eine Geringschätzung oder Nichtanerkennung anderer Geschlechteridentitäten dar. Sie ist ein pragmatischer Ansatz, der darauf abzielt, den Text flüssig und verständlich zu halten. Die Verwendung der männlichen Form solltest Du bitte als generisches Maskulinum verstehen. Sie soll alle Geschlechter gleichermaßen ansprechen und einbeziehen. Es ist meine feste Überzeugung, dass Sprache dazu dient, uns alle zu verbinden, und nicht, uns zu trennen.

Danke für dein Verständnis und viel Spaß beim Lesen dieses Buches!

Dein Christian Ludl

2 Vorwort Maximilian Wolf

Du hältst gerade ein Buch in den Händen, welches das Potenzial hat, Deine Verkaufsfähigkeiten und Deine Karriere grundlegend zu verändern. Als jemand, der die Entwicklung von Christian Ludl in den letzten Jahren hautnah miterleben durfte, freue ich mich, das Vorwort zu diesem inspirierenden Werk zu verfassen.

Als ich Christian im Jahr 2019 kennenlernte, fiel mir sofort seine Hingabe zu seiner Arbeit und sein unermüdlicher Wunsch auf, zu lernen und sich stetig zu verbessern. Seine Offenheit und sein extrovertierter Charakter ermöglichten ihm, schnell auf Menschen zuzugehen und von ihnen zu lernen. Es ist beeindruckend zu sehen, wie weit er in seiner Karriere bereits gekommen ist und wie sehr er sich als Experte und

Autorität auf dem Gebiet des Verkaufens etabliert hat. In "Die Kunst des Verkaufens“ teilt Christian sein umfassendes Wissen und seine Erfahrungen über das Verkaufen. Er zeigt Dir, wie Du die Bedürfnisse deiner Kunden erkennen und darauf eingehen kannst. Christians Leidenschaft für das Verkaufen und seine Fähigkeit, anderen zu helfen, zeichnen dieses Buch aus.

Als Freund und Geschäftspartner von Christian kann ich bestätigen, dass er ein Mensch ist, der bereit ist, Zeit und Mühe zu investieren, um seine Ziele zu erreichen. Die Geschichte von Christian ist eine Inspiration für all jene, die bereit sind, ihren Weg im Verkauf zu gehen und dabei erfolgreich zu sein. Sich im Bereich des Verkaufens hervorzutun, erfordert mehr als nur oberflächliches Wissen. Es geht darum, die tiefgründige Bedeutung von Verkauf zu verstehen.

Verkaufen ist nicht bloß eine Präsentation von Produkten oder Dienstleistungen, sondern vielmehr ein Prozess, in dem man die Probleme des Kunden identifiziert und Lösungen dafür anbietet. Ein erfolgreicher Verkäufer konzentriert sich nicht darauf, seine eigenen Bedürfnisse zu erfüllen, sondern auf die Lösung der Probleme des Kunden. Ein wichtiger Aspekt, der in diesem Buch behandelt wird, ist die Erstellung eines Leitfadens zur Identifikation der Bedürfnisse des Kunden und die Präsentation passender Lösungen. Es ist essenziell, zu verstehen, dass 90% der Verkaufsgespräche nach einem ähnlichen Muster verlaufen. Kunden hinterfragen ihre Entscheidung, Geld auszugeben, und als Verkäufer ist es unsere Aufgabe, sie durch diesen Entscheidungsprozess zu begleiten und auf mögliche Einwände vorbereitet zu sein.

Eine fehlende Vorbereitung auf diese Gespräche ist ein Hauptgrund dafür, warum Verkäufer oft scheitern und in unserer Gesellschaft häufig einen schlechten Ruf haben. Es gibt zwei wesentliche Fähigkeiten, die man im Leben erlernen sollte: verkaufstechnisches Geschick und finanzielle Intelligenz. Diese beiden Kompetenzen können das Leben für viele Menschen erheblich einfacher gestalten. Dieses Buch enthält wertvolle Einsichten, Erfahrungen und Werkzeuge, die Dir dabei helfen, die Fähigkeit des Verkaufens zu erlernen, zu entwickeln und anzuwenden. Bedenke, was die Bedeutung dessen ist - lerne, lies, verstehe und wende an, um in Deinem Leben und in Deinem Beruf erfolgreich zu sein.

Ich bin stolz darauf, das Vorwort zu diesem bemerkenswerten Buch zu schreiben und wünsche Dir viel Erfolg und Freude beim Lesen von "Die Kunst des Verkaufens“von Christian Ludl. Lass dich von seiner Expertise und Leidenschaft inspirieren, um selbst zu einer Autorität im Verkauf zu werden.

Maximilian Wolf

3 Einleitung

Wir alle können verkaufen – uns als Person, unsere Leistungen oder unsere Produkte. Verkaufen ist dabei mehr als nur ein Produkt, das den Besitzer wechselt. Es ist mehr als ein reiner Tauschhandel. Zu verkaufen bedeutet, jemanden von etwas zu überzeugen. Es ist eine Kunst, die von Selbsterkenntnis, Mut, Tatendrang und dem ehrlichen Interesse am Gegenüber geprägt ist.

Wer diese Kunst beherrscht, steigert Erfolg, Geld und Wachstum, erfüllt sich selbst und anderen Träume und kann das Leben leben, das ihm vorschwebt. Der Weg dorthin kann steinig sein und es gibt vieles, das ein guter Verkäufer beachten muss. Aber JEDER kann Verkaufen lernen, egal, vor welchem beruflichen oder persönlichen Hintergrund. Auch mir wurde Verkaufstalent nicht in die Wiege gelegt und auch ich musste einen langen Weg gehen – von der Baustelle bis zum Immobilienunternehmer.

Alle Arten von Verkäufern

Vom Yoga-Retreat im Sportstudio, über Krankenbetten fürs Altenheim bis hin zu Jet-Antrieben für Fluggesellschaften. Was auch immer Du verkaufen möchtest: Es ist eine Kunst, ohne Tricks und Lügen zum Abschluss zu kommen. Je hochpreisiger und komplexer das Produkt, das Du verkaufen willst, desto höher sind die Anforderungen und desto besser müssen Deine Verkaufs-Skills sein. Ein Kellner, dessen Restaurant unterschiedliche Weine anbietet, muss diese nicht nur kennen, sondern auch einschätzen können, welcher am besten zu den Wünschen oder dem Essen des Gastes passt. Egal, in welcher Branche Du tätig bist, es geht immer darum, ein Profi in Deinem Gebiet zu sein. Dabei musst Du nicht nur die Bedürfnisse des Käufers berücksichtigten, Du musst auch herausfinden, was von Deiner Seite aus nötig ist, um mit ihm ins Geschäft zu kommen. Ein Verkauf folgt vielen verschiedenen Schritten und ein guter Verkäufer weiß diese Schritte mit Leben zu füllen. Insbesondere Unternehmer und Selbstständige müssen zwangsweise richtig gut verkaufen können, wenn sie am Markt überleben wollen. Ihre Existenz hängt davon ab, wie vielen Kunden sie welche Produkte verkaufen. Warum sollte der Kunde genau dieses Produkt von diesem Anbieter wollen und nicht ein anderes? Warum sollte er genau diese Luxusreise buchen und nicht eine der Millionen anderen? Als Unternehmer und Selbstständiger kommt es noch nicht einmal darauf an, ob Du hochpreisige Produkte verkaufst oder günstige. Selbst wenn Dein Unternehmen Kartoffelchips für 0,99 Euro pro Packung verkauft – indem Du an Supermärkte herantrittst und Tausende von Packungen Chips verkaufst, schnellen auch hier die Verkaufszahlen in die Höhe. Vorausgesetzt Du besitzt das nötige Verkäufergeschick und verstehst es, Dich als Marke zu positionieren.

Verkäufergeschick ist gefragter denn je

Im Überfluss der Angebote dieser Tage bestimmt das eigene Können, wer sich am Markt hält und zu den Top-Verdienern gehört und wer scheitert. Noch nie war die Kunst, verkaufen zu können, derart wichtig wie heute: In Zeiten von Internetmarketing, Social Media und Online-Handel ist der Konkurrenzkampf so hart wie nie. Plötzlich muss sich ein Spirituosenhandel nicht nur den Bewohnern und Besuchern seines Stadtteils verkaufen können, sondern gegen Milliarden von anderen Spirituosenhändlern weltweit antreten. Wo Fotografen früher noch eine Sonderstellung allein aufgrund ihrer teuren Kameraausstattung hatten, knipst heute jedes zweite Smartphone professionell anmutende Bilder. Mehr Menschen denn je drängen auf das Podest des Erfolges und nur diejenigen, die sich selbst und ihre Produkte am besten verkaufen, schaffen es zum Pokal. Natürlich gibt es etablierte Firmen, die aufgrund ihres guten Namens nicht mehr viel Überzeugungsarbeit leisten müssen. Aber selbst sie müssen weiter am Ball bleiben und tagtäglich Überzeugungsarbeit leisten, sonst gefährden sie ihre Zukunft.

Ohne Verkaufen geht es nicht

In unserer heutigen Welt ist nichts wichtiger als der Verkauf – für Unternehmen wie auch für Einzelpersonen. Es ist der Verkauf, der für alles im Leben und im Unternehmen bezahlt. Der Vertrieb ist das Bindeglied zwischen Produkt und Kunden. Der Vertrieb kümmert sich um den Verkauf und durch den Verkauf gelangen Einnahmen in ein Unternehmen. Ohne erfolgreichen Verkauf gibt es keine Gehälter, keine Investitionen und keine Zukunft für eine Firma. Warum also noch zögern? Die Kunst des Verkaufens kannst Du lernen und zum Top-Verkäufer aufsteigen. Du hast mit dem Kauf dieses Buches den ersten Schritt in die richtige Richtung unternommen und ich freue mich, wenn ich einen Teil zu Deiner persönlichen Erfolgsgeschichte beitragen kann!

4

Der Weg zum erfolgreichen Verkäufer

Mein Weg zum Top-Verkäufer

Der Vertrieb sorgt für den Geldstrom ins Unternehmen. Das macht ihn zum Dreh- und Angelpunkt aller nachfolgenden betrieblichen Tätigkeiten. Zu Beginn meines Berufslebens war mir die Wichtigkeit des Verkaufens noch nicht bewusst – ich startete auf der Baustelle. Das ist auch der Grund, warum ich Zweiflern oft begegne mit: Wenn ich es schaffe, schafft es jeder. Ich stieg wortwörtlich vom Sorgenkind zum Top-Verkäufer auf.

Erste Vertriebserfahrung

Meine erste Vertriebserfahrung sammelte ich eher durch Zufall während meiner Umschulung zum Bürokaufmann im Jahr 2004. Ich war damals 26 Jahre alt und arbeitete in einem Multilevel-Marketingunternehmen für Nahrungsergänzungsmittel, Kosmetik und Hautpflegeprodukte. Relativ schnell durfte ich Firmenpräsentationen halten und hatte großen Spaß an der Arbeit. Mein durch den Fußball geprägter Sportlercharakter, Ehrgeiz und Wettbewerbsgeist spornten mich stets zu guten Ergebnissen an – eine der Grundeigenschaften im Vertrieb.

Zu jener Zeit wurde mir zum ersten Mal meine Eignung für den Vertrieb bewusst. Von da an füllten Stationen rund um den Vertrieb meinen Lebenslauf. Festlegen fiel mir schwer, da ich immer auf der Suche nach dem passenden Produkt war, das ich gerne verkaufen wollte. Stets von dem Bedürfnis getrieben, irgendwo endlich richtig anzukommen. Zwischenzeitlich betreute ich sogar Sportvereine und arbeitete im Sportartikelvertrieb, meiner Leidenschaft für den Sport folgend. Allerdings brachte meine Position unverhältnismäßig großen Aufwand mit sich, der nicht zur finanziellen Vergütung passte, und so zog ich weiter.

Balance aus Aufwand, Vergütung und Erfolg

Ein Top-Verkäufer muss beides vereinen können: Seine Leidenschaft auf der einen Seite, um Produkte zu verkaufen, die zu seinen Werten passen. Finanzieller Erfolg auf der anderen Seite, um sich gleichzeitig vom Durchschnitt der Verkäufer am Markt abzusetzen. Auch ist die Entlohnung ein Antrieb, um die eigenen Fähigkeiten zu verbessern und aus der Masse hervorzustechen.

Idealismus ist schön und gut. Ich möchte Dir aber zeigen, wie Du durch den richtigen Verkauf nicht nur Deine Werte bedienst, sondern auch Deinen Geldbeutel. So arbeitete ich mich im Laufe der Jahre durch verschiedene Positionen und durch die harte Schule des klassischen Vertriebes hindurch. Die lernte ich unter anderem bei der Adolf Würth GmbH kennen – für die ich Schrauben verkaufte.

So banal das vielleicht klingen mag, aber die Adolf Würth GmbH wurde mit Schrauben, genauer gesagt Montage- und Befestigungstechnik, erfolgreich – so erfolgreich sogar, dass das Unternehmen mittlerweile global tätig ist und einen Jahresumsatz von rund 20 Milliarden Euro verbucht. Von Anfang an stellte sich das gesamte Unternehmen auf Vertrieb ein und wurde dadurch erfolgreich. Mehr als 33.000 Außendienstmitarbeiter arbeiten für die Würth-Gruppe. Mittlerweile steht der Name Würth nicht nur für Schrauben, sondern vor allem für hervorragende Verkaufskunst. Vom Vertrieb für den Direktverkauf bis hin zum Vertrieb in der Industrie sammelte ich Erfahrungen und Wissen, wo immer ich konnte. Sogar in die Arbeit im Profifußball schnupperte ich hinein.

Ein Jahr lang war ich Co-Trainer der A-Jugend in Ingolstadt und lernte hier vor allem Menschenführung, Management, Teamgeist, aber auch was es heißt, auf dem Zahnfleisch zu gehen und trotzdem weiterzumachen. So schön diese Zeit war, führte mich mein Weg doch zurück zu meiner Leidenschaft, dem Verkaufen. Anstatt den Traum zu verfolgen, im Profifußball Fuß zu fassen, beschloss ich, meinen Weg im Vertrieb zu gehen und der beste Verkäufer zu werden, der ich sein konnte. Ich war innerlich immer überzeugt davon, dass ich den für mich richtigen Weg finden würde – ich musste nur oft genug abbiegen ...

Burn-Out und Neustart

Ich nahm eine Stelle als Regionalverkaufsleiter eines Sportartikelherstellers an und baute mein eigenes Vertriebsteam auf. Ich gab alles und noch mehr. Meine Zeit, meine Energie, mein Herzblut. Dann aber schlug nach längeren gesundheitlichen Schwierigkeiten und mehreren Handoperationen der Burn-out zu. Ich war damals vierzig Jahre alt und fragte mich, wo ich überhaupt hinwollte. Was wollte ich erreichen? Konnte ich ewig so weitermachen? Ich besann mich auf meine eigentlichen Stärken: meine Kontakte, mein Netzwerk und meine Freude am Vertrieb. Durch eben jene Kontakte fand ich schließlich den Weg in die Immobilienbranche.

Mein Freund Gerhard Hartmann hatte gerade zusammen mit zwei Partnern, Jürgen Kuisl und Maximilian Wolf, die Brimo (Bricks & Mortar Immobilien GmbH) gegründet. Als ich Gerhard davon erzählte, wie todunglücklich ich in meiner aktuellen Position sei und dass mir diese sogar gesundheitlich sehr zu schaffen mache, bat er mich, bevor ich etwas anderes tue, mir die Brimo anzusehen. Anfangs noch skeptisch, stellte ich schnell fest, dass ich gefunden hatte, was ich suchte. In der Brimo konnte ich mein Netzwerk voll ausnutzen, meine Liebe zum Verkauf ausleben und schließlich sogar auf eigenen Beinen stehen. Rückblickend sah mein Berufsleben bis dahin alles andere als beständig aus. Vierzehn Jahre lang hatte ich gebraucht, um meinen Weg zu finden. Als ich mich schließlich selbstständig machte, sahen viele darin nur die nächste Schikane im Wettrennen gegen mich selbst. Ich aber war genau dort angekommen, wo ich hinwollte.

Meine Fachkompetenz in der Kunst des Verkaufens ist gespickt mit den vielen Erfahrungen, die ich in den unterschiedlichen Stationen sammeln konnte. Was zunächst einer Achterbahnfahrt glich, wurde schließlich zu einem Gewinn für mich. Auch Du kannst also mit der richtigen Anleitung schaffen, was auch immer Du Dir vornimmst. Egal, wo Du gerade im Leben stehst und egal, was Du bisher gemacht hast. Das hier ist Deine Chance.

Das richtige Produkt finden

Mittlerweile weiß ich, worauf es ankommt, wenn jemand Top-Verkäufer werden will. Mein Mindset, meine Grunddankbarkeit und auch mein Erfolg sind das Ergebnis meiner Lebensgeschichte.

Spezialisiere Dich auf ein Produkt

Probiere verschiedene Dinge aus, um Deinen Weg zu finden. Insbesondere, wenn Du erst noch am Anfang Deiner Verkäuferkarriere stehst, musst Du Dich noch lange nicht auf eine Position festlegen. Bleib offen für das, was das Leben Dir bringt. Sobald Du in verschiedene Bereiche hineingeschnuppert hast, suche Dir etwas, das Dich begeistert und konzentriere Dich einzig darauf. Lege Dich fest. Wer alles machen will, verliert sich. Erst durch den Fokus auf etwas Bestimmtes baust Du Dir die notwendige Expertise in Deiner Sparte auf. Und nur durch Expertise lernst Du, die Sprache Deiner Zielgruppe zu sprechen und ihre Bedürfnisse wirklich zu verstehen. Je mehr Du Dich spezialisierst, desto mehr wirst Du auch verdienen. Kunden werden nicht mehr um Dich herumkommen, wenn es um Dein Spezialgebiet geht. Je besser Du ein bestimmtes Produkt verkaufen kannst, je besser Du Dich in Deiner bestimmten Branche auskennst, je mehr Du Dir eine bestimmte Nische gesucht hast, desto besser wirst Du für Dein Wissen vergütet.

Spezialisierung ist auch wichtig für Dein Netzwerk, auf das ich weiter unten noch genauer eingehe. Ohne Spezialisierung wird es Deinen Gesprächspartnern schwerfallen, Dich und Dein Angebot einordnen zu können, und ohne klare Zuordnung werden sie Dich nicht weiterempfehlen.

Steh zu Deinem Produkt

Indem Du Dich auf eine bestimmte Branche spezialisierst, liegt Dein Fokus automatisch auf einer bestimmten Produktauswahl. Auch hier gilt, suche Dir etwas, hinter dem Du stehst und für das Du Dich begeisterst.

In meiner ersten Vertriebsposition in Würth kam mir zugute, dass ich hochwertige Produkte verkaufte, die mir selbst gut gefielen. Ein Top-Verkäufer sollte stets hinter seinen Produkten stehen und von ihrer Qualität überzeugt sein. Suche Dir ein Produkt, das zu Dir passt, das Deinen Werten entspricht, von dem Du mit Freude und im langen Redefluss schwärmen kannst. Nur so merkt Dein Gegenüber, dass Du mit Leidenschaft bei der Sache bist, und kann vom Kauf überzeugt werden.

Nur Schwindler müssen sich für ihre Verkäufe schämen, weil sie Kunden etwas andrehen, von dem diese gar nicht profitieren oder – schlimmer noch – etwas, das sie gar nicht wirklich wollen. Ich könnte niemals jemandem etwas verkaufen und mich damit gut fühlen, wenn ich wüsste, derjenige braucht das Produkt nicht. Einer Freundin von mir erging es ebenso: Sie arbeitete bei einer Bank und musste pro Monat eine bestimmte Anzahl an Bausparverträgen abschließen. Wenn sich der Monat zu Ende neigte und die Quote noch nicht erfüllt war, verleitete sie dieser Zwang dazu, Kunden Bausparverträge zu verkaufen, selbst wenn die keine brauchten und es für sie eine schlechte Anlageoption war.

Da verwundert es nicht, dass sich die Freundin beim Verkaufen derart schlecht fühlte. Ähnlich sieht es mit fehlendem Wissen aus. Für kurze Zeit schnupperte ich in die Deutsche Vermögensberatung hinein. Allerdings fühlte ich mich mit dem Verkauf der dortigen Produkte nicht wohl – nicht, weil es schlechte Produkte waren, sondern weil ich mich mit der Materie einfach nicht ausreichend gut auskannte. Das nahm mir die Möglichkeit, den Kunden vollumfänglich beraten zu können, und ich hatte das Gefühl, etwas zu verkaufen, von dem ich schlichtweg nicht genügend Ahnung hatte. Ich wusste nicht, ob mein Gegenüber das Produkt wirklich brauchte oder nicht, weil mir das notwendige Hintergrundwissen fehlte. Das Produkt, das Du verkaufen möchtest, sollte also eines sein, mit dem Du Dich rundum wohlfühlst und auskennst. Nur so kannst Du komplett hinter dem Produkt stehen. Finde ein Produkt, das zu Dir passt und das Du gerne verkaufen möchtest, weil Du von seinem Mehrwert für den Kunden überzeugt bist. Vertraue bei der Auswahl der Produkte auf Dein Gespür. Wenn sich etwas nicht gut anfühlt, nimm Abstand.

Meine Werte:

Dankbarkeit, Vertrauen, Wertschätzung, Nächstenliebe, Empathie, Respekt, Toleranz, Disziplin, Zuverlässigkeit, Verantwortung, Kommunikation auf Augenhöhe, Fairplay und vor allem Authentizität!

Was sind Deine Werte?

Verkaufen kann man lernen – mit der richtigen Bereitschaft

Verkaufen ist zu großen Teilen ein Handwerk, das Du erlernen kannst. Auch jemand ohne vorherige Vertriebserfahrung kann enorm gut im Verkaufen sein oder es mit etwas Wissen werden. Aber um ein Top-Verkäufer zu werden, brauchst Du vor allem die richtige Haltung. So gibt es verschiedene Einstellungen und Werte, ohne die Du die Kunst des Verkaufens nicht meistern kannst, ganz gleich, wie gut Dein handwerkliches Wissen ist.

Die Eigenschaften eines Top-Verkäufers:

Lernbereitschaft und Neugier: Entwickle Dich kontinuierlich weiter und eigne Dir stets neues Wissen an.

Verhandlungsgeschick und Streitkultur: Die Interaktion mit anderen ist Kern Deiner Aufgabe im Verkauf. Daher solltest Du die Diskussion lieben und wertschätzen.

Planungsfähigkeit: Entwickle Strategien und organisiere Deine Abläufe.

Leistungsbereitschaft und Fleiß: Sei fleißiger als andere und geh die Extrameile.

Selbstbewusstsein und Begeisterung: Steh zu Dir und Deinem Produkt aus vollster Überzeugung.

Auch grundsätzliche Werte sind eine Voraussetzung jedes Top-Verkäufers:

Loyalität und Zuverlässigkeit: Nicht nur Dein Chef, sondern auch Deine Kollegen und Deine Kunden sollen sich auf Dich verlassen können.

Respekt und Professionalität: Jeder Verkäufer trifft auch mal schwierige Kunden. Es liegt an Dir, trotzdem zu jeder Zeit professionell aufzutreten und Deinen Mitmenschen Respekt zu zeugen.

Teamgeist: Verkaufen ist kein Einzelsport. Ein guter Verkäufer arbeitet mit einem Team auf Augenhöhe zusammen und lebt den Geist des Gebens und Nehmens.

Hohe Arbeitsmoral und Disziplin: Insbesondere, wenn der Arbeitstag mal wieder länger wird, verfallen viele in schlechte Laune. Zeig stattdessen durch Deine Arbeitsmoral, dass Du liebst, was Du tust – zu jeder Tages- und Nachtzeit.

Kommunikationsfähigkeit: Gute Verkäufer wissen, was sie wem zu welcher Zeit mitzuteilen haben. Nimm nicht einfach an, dass jemandem eine Information bereits vorliegt, sondern kommuniziere alles Wissenswerte an die richtigen Stellen.

Wenn du glaubst, damit sei es bereits genug, halte Dich fest. Auch die folgenden Charaktereigenschaften machen einen guten Verkäufer aus:

Freundlichkeit: Niemand hat gerne mit Miesepetern zu tun – Käufer auch nicht.

Offenheit: Sei stets offen und ehrlich mit Kunden und Kollegen, selbst wenn mal etwas nicht nach Plan läuft. Alles andere würde über kurz oder lang zum Stolperstein in Deiner Karriere.

Spontaneität: Ein guter Verkäufer ist gut vorbereitet, aber trotzdem fähig, spontane Änderungen umzusetzen.

Genauigkeit: Der Teufel steckt bekanntlich im Detail. Deine Genauigkeit kann darüber entscheiden, ob sich ein Kunde gut informiert fühlt oder skeptisch vom Kauf zurücktritt.

Bescheidenheit: Nur weil Du als erfolgreicher Verkäufer mehr verdienst als der Durchschnitt, bedeutet das nicht, dass Du auf andere herabschauen darfst. Tatsächlich sollte Deine Bescheidenheit steigen, je besser gestellt Du bist.

Hilfsbereitschaft: Wahrscheinlich eine der wichtigsten Eigenschaften eines guten Verkäufers ist der Wille und die Bereitschaft, anderen zu helfen. Mit jedem Verkauf solltest Du danach streben, jemandem das Leben zu erleichtern und ihnen zur Hilfe zu stehen.

All das sind Eigenschaften, die jeder Verkäufer mitbringen sollte. Sei ehrlich zu Dir selbst und anderen. Es geht beim Verkaufen darum, Menschen voranzubringen, nicht um den schnellen Profit. Du verkaufst kein Produkt, sondern Träume und Lösungen, um jemandem das eigene Leben leichter zu machen.

Gewinnst Du den Menschen, gewinnst Du den Kunden.

Daneben sollte ein Top-Verkäufer vor allem Interesse an folgendem haben:

Das eigene Netzwerk: Das ständige Knüpfen neuer Kontakte sollte Deinem Naturell entsprechen und nicht erzwungen sein. Das bedeutet auch, dass Du auf andere zugehen musst und ein guter Zuhörer sein solltest.

Lösungssuche: Hast Du Freude an Rätseln und Herausforderungen? Die Suche nach Lösungen ist eine der Hauptaufgaben eines Top-Verkäufers.

Der Blick fürs Detail: Modernes Verkaufen entspricht nicht mehr dem früher allgegenwärtigen „hard selling". Ein Kunde soll nicht in die Ecke gedrängt und beschwatzt werden. Stattdessen geht es um gute Beratung und Fingerspitzengefühl: Welches Problem löst Dein Produkt für den Kunden? Worin besteht sein Bedürfnis oder sein Problem? Durch welche Eigenschaft oder durch welches Argument setzt Du Dich von der Masse ab? Der Kunde soll den Kauf von sich aus wollen, weil Du ihn für den Mehrwert begeistert hast, und nicht, weil Du ihn zum Kauf gedrängt hast.

Mit all diesen Eigenschaften geht eines einher: der eigene Leistungsanspruch. Wenn ich einen Deal mit einem Kunden abschließe, sollte dieser am Ende mit meiner Arbeit derart zufrieden sein, dass er mir gerne meine drei Prozent Provision zahlt. Schaffe ich es nicht, einen mit dem Auftraggeber besprochenen Preis zu erzielen, verlange ich weniger Provision. Deine eigene Leistung bestimmt darüber, wie viel Du verdienst und wie schnell Du in die Riege der Top-Verkäufer aufsteigst.

Warum die meisten im Vertrieb scheitern

Die Arbeit im Vertrieb ist mitunter enorm repetitiv. Die meisten Kunden stellen die gleichen Fragen und äußern die gleichen Sorgen und Einwände. Insbesondere da sich gute Verkäufer auf bestimmte Produkte spezialisieren, läuft das zwangsweise darauf hinaus, dass sie tagtäglich über die gleichen Dinge sprechen und die gleichen Sachverhalte erläutern. Das darf Dich jedoch nicht aus der Fassung bringen. Du musst Deinen Pitch auch dem tausendsten Kunden genauso viel Enthusiasmus entgegenbringen wie dem ersten.

Selbst wenn Du unterschiedliche Autos einer bestimmten Marke verkaufst, sind die Grundparameter doch stets die gleichen: Eine gewisse Anzahl an PS, diese und jene Ausstattungsmerkmale, Spritverbrauch und Ratenzahlung … am Ende des Tages ist es doch nur ein Auto, das den Käufer von A nach B bringen soll, vier Räder hat und einen Motor.

Ein guter Verkäufer schafft es, nicht das Auto, sondern die Idee dahinter zu verkaufen. Ist es ein VW, verkauft er Mobilität, ist es ein Lamborghini, eher das Prestige, und wenn es der Audi A8 sein soll, spielt die Sonderausstattung die größte Rolle. Wer nur oberflächlich hinsieht und meint, dass er am Ende des Tages doch immer nur Autos verkauft und sich davon runterziehen lässt, scheitert im Vertrieb. Stattdessen geht es darum, tiefer zu blicken und die wirklichen Wünsche und Nöte des Kunden herauszufinden und anzusprechen. Ein Top-Verkäufer ist bereit dazu, immer wieder über die gleichen Themen zu sprechen und sie trotzdem auf den individuellen Kunden zuzuschneiden. Es macht ihm nichts aus, die immer gleichen Fragen zu beantworten, als hörte er sie zum ersten Mal. Ein Top-Verkäufer versteht es, das Warum des individuellen Kunden durch seine Bedarfsanalyse herauszufinden.

Mangelnder Teamgeist

Die Fähigkeit, auf Menschen zu- und auf sie eingehen zu können, muss ein guter Verkäufer auch auf Kollegen anwenden können. Was viele nicht wissen: Vertrieb ist Teamarbeit. Viele stellen sich Verkäufer als Einzelkämpfer an der Front vor. Dabei müssen gerade sie hervorragend im Team arbeiten können, nicht nur mit anderen Vertrieblern, sondern auch mit den zuarbeitenden Abteilungen. Der Innendienst, die Reklamation und der Kundenservice sind alles Bereiche, die eng mit dem Vertrieb zusammenarbeiten. Hakt es im Getriebe des Betriebs, weil zum Beispiel einem Bereich eine bestimmte Information fehlt, dann spürt das auch der Vertrieb negativ. Um alle Bereiche perfekt aufeinander abzustimmen, bedarf es guten Managements und des richtigen Teamgeists. In meinem eigenen Unternehmen ist es mir wichtig, dass Harmonie herrscht. Diese fördere ich gezielt, sei das mit einem gemeinsamen schicken Essen auf Kosten der Firma oder einem Ausflug übers Wochenende. Zum Beispiel fahren wir jedes Jahr im Januar mit der gesamten Mannschaft, deren Partnern und Kindern ins Allgäu. Dort reflektieren wir das abgelaufene Jahr, vertiefen die am Ende des letzten Jahres gesteckten Ziele und entwickeln eine Strategie zur Erreichung jeglicher neuen Ziele. Das stärkt das Zugehörigkeits- und vor allem das Zusammengehörigkeitsgefühl, aber auch das familiäre Arbeitsklima.

Resilienz und Durchhaltevermögen

Wer sich in seinem beruflichen Umfeld wohlfühlt, leistet automatisch mehr und ist in stressigen Zeiten resilienter. Diese Resilienz brauchst Du im Vertrieb. Viele scheitern stattdessen an fehlendem Durchhaltevermögen. Auch ich frage mich manchmal, was aus mir geworden wäre, hätte ich in verschiedenen Stationen meines Lebens länger durchgehalten. So wie ich es im Fußball zum Beispiel tat: Hier konnte mich noch nicht einmal die sechste Knieoperation vom Platz bringen – ich wechselte stattdessen vom Spieler zum Trainer und folgte weiter meiner Leidenschaft. Natürlich ist es leichter, bei den ersten Schwierigkeiten direkt aufzugeben. Aber welche Chancen werden dadurch verspielt? Als Vertriebler brauchst du mitunter den Kampfgeist eines Profisportlers, der an seine Grenzen geht, um den Sieg davonzutragen. Im WM-Finale 2014 musste Bastian Schweinsteiger mehr Fouls und Blessuren einstecken als andere in ihrer gesamten Karriere. Trotzdem stand er immer wieder auf und führte die deutsche Mannschaft zum Titel. Andere hätten sich bereits nach dem ersten Foul auswechseln lassen, aber Schweinsteigers Mindset und sein unglaublicher Wille trugen ihn noch durch fünf weitere Fouls.[1] Die Flagge zu streichen, kam für ihn nicht in Frage.

Ausreden

Die Suche nach Ausreden kommt in keinem Beruf gut an, im Vertrieb aber kann sie schnell zum Scheitern führen. Wie vielen von uns fallen auf Anhieb hundert Dinge ein, warum etwas nicht funktioniert hat – nur nicht das eigene Versagen? Es ist einfach, die Schuld jemand anderem zuzuschieben oder die Umstände für einen negativen Ausgang verantwortlich zu machen. Wenn zum Beispiel ein Kunde einen anderen Makler statt uns wählt, könnte ich sagen, unsere höhere Provision ist daran schuld. Der andere Makler verlangt vielleicht nur zwei Prozent und nicht wie wir drei Prozent. Das wäre aber zu kurz gedacht. Wenn sich der Kunde einen anderen Makler sucht, konnte ich ihn nur nicht ausreichend von unseren Dienstleistungen überzeugen. Ansonsten hätte er sich mit der höhe-

[1] https://shorturl.at/koFJX; https://shorturl.at/jnOSV

ren Provision zufriedengegeben. Ein guter Vertriebler scheut sich deshalb nicht davor, den Fehler bei sich selbst zu suchen. Denn Fehler zeigen uns unser Wachstumspotenzial auf. Dazu müssen wir uns fragen: Was lief schief? Was muss ich nächstes Mal anders oder besser machen? Nur durch das Eingeständnis, dass es unsere Verantwortung war, dass wir scheiterten, können wir aus Fehlern lernen und uns kontinuierlich verbessern. Es reicht nicht aus, einen mittelmäßigen Plan auf dem Papier zu haben und alles Weitere halbherzig zu improvisieren. Du musst von vornherein wissen, was Du tust, einem hieb- und stichfesten Plan folgen und diesen anschließend auch mit Leben füllen können.

Es ist eine Sache, etwas zu wissen. Die andere, es auch zu tun

Viele Menschen wissen, was in bestimmten Situationen zu tun wäre, setzen das eigene Wissen aber nicht in Handlung um. Sie bleiben in ihrer Komfortzone stecken.

Übung macht den Meister

Im Vertrieb entwickelst Du Deine Expertise nicht nur durch Lernen, sondern vor allem durch Handeln und Ausprobieren. Wenn Du etwas oft genug getan hast, geht es Dir in Fleisch und Blut über. Denn je öfter Du etwas tust, desto besser wirst Du darin. Getreu dem Motto:

Sage es mir und ich werde es vergessen.
Zeige es mir und ich werde mich erinnern.
Lass es mich tun und ich werde es verstehen.

Wenn ein Fußballteam einen Spielzug nur erklärt bekommt, ihn aber nie trainiert, wird sie ihn im Spiel nicht umsetzen können. Wenn die Mannschaft den Spielzug aber etliche Male auf dem Platz trainiert hat, kann und wird sie ihn beim nächsten

Spiel anwenden. So wichtig Theorie und die Aneignung von Wissen auch sind, wer nur lernt und darüber redet, ohne zu handeln, tritt auf der Stelle. Er steht vor verschlossenen Türen und traut sich nicht, anzuklopfen. Nur wer über seinen Schatten springt und anklopft, schafft die Voraussetzung um eintreten zu können.

Das Gegenteil von Erfolg ist nicht Misserfolg, sondern nichts zu tun!

Im Fall des Verkaufens reicht es nicht zu wissen, zu welcher Zielgruppe Deine Produkte perfekt passen würden. Du musst auf sie zugehen und ins Gespräch kommen, um mit ihnen Geschäfte zu machen. Oder wenn Du zwar hundert Kundenbesuche geplant hast, aber nur fünfzig ausführst und dann Feierabend machst. Sich mit der halben Miete zufrieden zu geben, ist beim Vertrieb fatal. Geh stets den ganzen Weg und darüber hinaus. Setze Dir Ziele, definiere Deine KPIs und setze sie unbeirrt um. Dafür braucht es natürlich die nötige Motivation. Die findest Du, wenn Du Dein Warum findest.

"Dein Warum bestimmt deinen Erfolg"

5

Dein Warum bestimmt Deinen Erfolg beim Verkaufen

Dein Warum ist Dein persönlicher Antrieb. Warum willst Du verkaufen? Warum willst Du Top-Verkäufer werden? Dieser Antrieb sieht für jeden anders aus: Das wertschätzende Feedback von Kollegen und Kunden, die Freude über den Mehrwert des Produktes für den Kunden oder die Lust am Rätsel, den individuellen Bedarf des Kunden herauszufinden, um ihm das perfekte Produkt bieten zu können.

Lösungssuche und Dankbarkeit

Einer meiner bedeutendsten Gründe ist die Dankbarkeit eines Kunden, dem ich genau das verkaufen konnte, was er für ein besseres Leben braucht. Ihm also einen klaren Mehrwert stiften oder ein dringendes Problem für ihn lösen konnte. Für mich zählt der Mensch. Sein Wohl steht für mich an erster Stelle. Die Vorstellung, Menschen zu bewegen und zu helfen, treibt mich jeden Tag aufs Neue an.

Das mag vielleicht melodramatisch klingen, aber genau dazu stehe ich. Nichts freut mich mehr als das Feedback eines Kunden, der überglücklich mit meiner Leistung ist und dem ich die Erfüllung eines Traums ermöglichen konnte. In der öffentlichen Wahrnehmung hält sich jedoch eisern das Bild von demotivierten Staubsaugervertretern, die von Tür zu Tür trotten, oder von lästigen Marketern im Einkaufszentrum, die Dir den neuesten Handyvertrag aufschwatzen wollen, obwohl Du bereits einen Handyvertrag hast und keinen neuen brauchst.

Diese Leute lösen keine Probleme. Auch sie verkaufen etwas, aber besitzen kein Interesse am Mehrwert und die Kunden sowie deren Bedürfnisse sind ihnen egal. Top-Verkäufer verkaufen nicht nur – sie beraten andere Menschen und bieten ihnen Lösungen für ihre Probleme an. Diese Probleme können unterschiedlichster Art sein. Möchte ein Familienvater ein Auto kaufen, wird er sich kaum für einen Porsche 911 interessieren, auch wenn das vielleicht heimlich sein Traumauto ist. Womöglich möchte er auf einen gewissen Look nicht verzichten, doch die Kofferraumgröße, der praktische Nutzen verschiedener Gadgets im Innenraum sowie der Faktor Sicherheit werden für ihn eine größere Rolle bei der Kaufentscheidung spielen. Das Auto muss zunächst alle Bedingungen für seinen Vateralltag erfüllen und schließlich noch ins Familienbudget passen. Diese Faktoren solltest Du als Verkäufer berücksichtigen und gezielt auf die Wünsche des Familienvaters eingehen, um ihn zu überzeugen. Als Verkäufer sollte es Dein stärkster Antrieb sein, einem Kunden genau das zu verkaufen, das zu ihm passt und sein Leben bereichert. Top-Verkäufer erfüllen Wünsche und lassen Träume wahr werden. Denn er erkennt die Bedürfnisse eines Kunden, selbst wenn der Kunde selbst sich dieser Bedürfnisse gar nicht bewusst ist.

Lebensstil und Träume

Ein weiterer Antrieb ist aber auch mein Lebensstil. Als Top-Verkäufer kann ich mir Dinge leisten, die mir Freude bereiten und die ich genieße. Das sieht für jeden anders aus. Eines meiner persönlichen Ziele ist es zum Beispiel, an einem bestimmten Punkt in meinem Leben entscheiden zu können, wann und von welchem Ort dieser Welt aus ich arbeite. Das eigene Haus in Kroatien war der erste Schritt in diese Richtung. Innerhalb der nächsten drei Jahre möchte ich dann an dem Punkt ankommen, an dem ich zu meiner Frau Tanja sagen kann: „Schatz, wir packen unsere Koffer und leben die nächsten zwei bis drei Monate in Kroatien"- weil ich mein Unternehmen auch von dort aus steuern kann.

Ich kann außerdem für meine Familie sorgen und meinen Kindern einen soliden Start ins Leben bieten, sofern der liebe Gott meiner Frau und mir dieses große Geschenk machen möchte. Finanzielle Unabhängigkeit spielt für mich eine große Rolle – die Freiheit, nicht darüber nachdenken zu müssen, ob ich mir den Urlaub im Hotel Resort auf La Palma oder Tickets für die VIP-Lounge beim Fußballspiel meiner Lieblingsmannschaft leisten kann. Sondern einfach machen kann. Mir ist es wichtig, dass meine Ziele nicht mit Arroganz und Hochnäsigkeit verbunden werden. Ich werde immer der bleiben, der ich bin und egal, wie groß mein Erfolg irgendwann sein wird, immer demütig und dankbar sein! Darüber hinaus möchte mit Ende Fünfzig zwar noch arbeiten können, aber nicht mehr arbeiten müssen. Auch das bedeutet finanzielle Freiheit für mich. Dieser Gedanke ist enorm motivierend und treibt mich dazu an, schneller, besser und effizienter zu sein als andere. Als Unternehmer besteht mein stärkster Antrieb in erster Linie im Wohlergehen meiner Kunden und Mitarbeiter. Die Weiterentwicklung und der Erfolg des Unternehmens treiben mich zu immer besseren Leistungen an.

Was treibt Dich an? Besitzt Du ein ähnliches Warum? Wohin soll Dein Weg Dich führen?

Finde Dein Warum

Jeder Mensch braucht ein Warum, ansonsten schaffen wir es morgens gar nicht erst aus dem Bett. Als ich auf der Baustelle arbeitete, blickte ich schon zu Schichtbeginn auf die Uhr und sehnte die Frühstückspause herbei. Der nächste Meilenstein war die Mittagspause. Der Feierabend war die lang ersehnte Erlösung von der Qual. Auch Du kennst sicherlich diese Art von Tretmühle. Sie schleift und stumpft Dich ab, alles ist anstrengend und zermürbend. Doch das muss nicht sein. Wenn Du weißt, warum Du das tust, was Du tust und Begeisterung dafür entwickelst, vergeht der Arbeitstag wie im Flug und DU gehst mit einem Lächeln nach Hause. Vielleicht nicht jeden Tag, aber die Mehrheit der Tage.

Blickst Du manchmal neidisch auf diejenigen, die scheinbar ihre Leidenschaft zum Beruf gemacht haben? Jemand, der zum Beispiel nicht nur Lehrer ist, wenn er vor der Tafel steht, sondern Lehrer ist mit Leib und Seele und auch außerhalb der Schule? Diese Menschen leben den bewussten Antrieb: Sie kennen ihr Warum. Das macht sie automatisch erfolgreicher als jemanden, der seine Berufstätigkeit als lästiges Übel ansieht. Mit einem starken Antrieb erkennst Du Herausforderungen statt Probleme und schaffst es gelassen selbst durch die stressigsten Zeiten. Alles, was Du dafür tun musst: Finde Dein Warum und wann immer Du an Dir und Deinem Weg zweifelst oder in der Bequemlichkeit versinken willst, rufe Dir Dein Warum vor Augen und lass Dich davon motivieren. Dann fühlt sich die Arbeit plötzlich nicht mehr wie Arbeit an, sondern wie ein Projekt, das Du Dir vorgenommen hast und an dessen Umsetzung Du mit Feuereifer tüftelst. Wenn Du für Deine Sache und Deine Produkte brennst, weil Du zu 120 Prozent von ihnen und ihrem Mehrwert überzeugt bist, wirst Du dieses Feuer, diese Begeisterung an jeden Kunden weitergeben können und auch in dem zu Beginn größten Skeptiker im Laufe des Gesprächs den Funken entzünden.

Was ist Dein Warum?

Hinterfrage Deine Glaubenssätze

Gönne Dir eine gesunde Portion Skepsis, wann immer Du etwas als selbstverständlich betrachtest. Wir alle besitzen vorgefertigte Meinungen und sogenannte Glaubenssätze. Diese werden uns meist von unserem Umfeld vermittelt und zielen darauf ab, dass nicht jeder alles neu erlernen muss, sondern auf bereits vorhandenem Wissen aufbauen kann. In vielen Situationen ergibt das Sinn – Fass nicht auf die heiße Herdplatte oder Du verbrennst Dich – oft genug aber sind Glaubenssätze falsch. Von Kindesbeinen an werden uns vermeintliche Wahrheiten eingetrichtert, die sich allzu oft als Vorurteile und Unwahrheiten herausstellen. Nur Personen mit einem guten Abitur bringen es zu etwas, stimmt zum Beispiel hinten und vorne nicht, ist aber als Glaubenssatz weit verbreitet.

Glaubenssätze finden sich auch in der Welt des Verkaufens:

Wenn Du nach soundso vielen Absagen keinen Deal geschlossen hast, wird das nichts mehr. – Falsch, bleib dran!

Zu viele Aufgaben auf einmal verursachen Chaos. – Falsch, solange Du Dich richtig organisierst! Auch das ist ein Lernprozess.

Löse Dich von Glaubenssätzen, die nicht Deinen eigenen Erfahrungen entsprechen, insbesondere wenn sie Dich in Deiner

Leistung zurückhalten. Hinterfrag Dich und Deine Gedanken regelmäßig und bleib offen für Neues. So entwickelst Du Dich kontinuierlich weiter und kannst Dich in jeder neuen Situation oder veränderten Marktlage neu ausrichten.

Welche Glaubenssätze halten Dich zurück?

____

____

____

____

____

____

____

Rückschläge sind Teil des Verkäuferalltags

Rückschläge gehören zum Alltag dazu. Insbesondere im Vertrieb scheint nicht immer nur die Sonne. Vielmehr reihen sich manchmal Tage zu Wochen, in denen die Welt gegen Dich zu sein scheint. Mach Dir bewusst: Solange Du öfter aufstehst, als Du hinfällst, geht Deine Reise weiter, gibt es morgen wieder eine neue Chance. Erfolg ist keine Tür, die Du einfach nur aufstößt. Erfolg ist eine Treppe, die Du erklimmen musst und die sich immer wieder weiter in die Länge ziehst, gerade wenn Du denkst, die vorletzte Stufe erreicht zu haben. Doch jede Stufe ist eine weitere Erfahrung und Erfolg das Ergebnis dieser Erfahrungen.

Durchhalte-Mentalität

Naturgemäß ist Vertrieb mit Ablehnung verbunden. Auf ein erfolgreiches Verkaufsgespräch folgen gerade zu Beginn mehrere ergebnislose. Das ist Teil des Verkäuferalltags und damit muss ein guter Verkäufer umgehen können. Zurückweisung ist nie angenehm. Trotzdem begegnet ein guter Verkäufer selbst nach einer gemeinen Ablehnung dem nächsten Kunden wieder mit einem freundlichen Lächeln. Er geht immer davon aus, dass dieser Kunde das Produkt kaufen will – selbst, wenn er bereits unzählige Ablehnung an dem Tag eingesteckt hat und sein subjektiver Eindruck ihm sagt, dass niemand sich für seine Produkte interessiert. Diese Mentalität auf Dauer durchzuhalten, ist jedoch hart und deshalb meiden viele das Thema Vertrieb von vornherein. Ihr Ego verträgt die konstanten Absagen nicht. Dabei verpassen sie die Chance, ihre Zusagen einzusammeln. Solche Verkäufer vergraulen nach zu vielen Absagen mit ihrem Frust den nächsten Kunden, obwohl der Interesse am Produkt hatte. Wer echtes Interesse für den Mehrwert des Kunden aufbringt und für seine Leistungen brennt, schafft es leichter durch Zeiten der Zurückweisungen und bleibt mit Freude bei der Sache. Top-Verkäufer stehen auf dem Boden der Tatsachen, denn sie sehen das Gesamtbild ihrer Tätigkeit, nicht nur die Reihe an jüngsten Absagen, die sie erhalten haben.

Ohne Tiefen schätzt Du die Höhen nicht.

Teilweise bedingt auch der Markt Rückschläge. So hat sich der Immobilienmarkt in den letzten Jahren vom Verkäufer- zum Käufermarkt gedreht. Wo zuvor noch viel Nachfrage nach einem begrenzten Angebot herrschte, ist nun das Gegenteil der Fall. Im Verkäufermarkt hatten Makler leichtes Spiel: Sie konnten davon ausgehen, dass eine Immobilie nach spätestens sechs Wochen verkauft war, einfach aufgrund der hohen Nachfrage. Der Verkäufer konnte mehr oder weniger frei über den Preis bestimmen. Mittlerweile ist eine große Käuferschicht weggebrochen und andere Käuferschichten warten ab, um zu sehen, wie sich der Markt entwickelt. Jetzt herrscht mehr Angebot als Nachfrage. Makler müssen nun ihre Angebote mehr in Szene setzen, die Kaufinteressenten an die Hand nehmen und ihnen einen Mehrwert durch Finanzierer aus ihrem Netzwerk bieten, um den Kauf zu ermöglichen.

Durch solche zusätzlichen Wege dauert es deutlich länger, eine Immobilie zu verkaufen, was bei Ungeduld oder mangelnden Durchhaltevermögen zu Frustration und Ärger führt. Als Unternehmer mache ich mir derlei zusätzlichen Wege bewusst, schließlich hängt das Wohl meiner Mitarbeiter von meinen Entscheidungen ab.

Denn es würde mir nichts bringen, meinen Frust über die Marktsituation an den Vertriebsmitarbeitern auszulassen. Oder ihnen, wie es manche leider tun, blind hohe Zahlen aufzubürden, um den maximalen Vertriebsdruck aufzubauen. Wenn Vertriebler ihre Quoten nicht erfüllen können, kann das viele Gründe haben. Sie schlicht zu erhöhen, führt in die falsche Richtung. Ziele sollten deshalb immer im Gespräch mit den Mitarbeitern gemeinsam gesetzt werden, so bleiben sie realistisch. Was bringt es, hoch gesetzte Ziele anzustreben, wenn der Markt diese Zahlen zu dieser Zeit nicht bedienen kann? Entscheidend ist, dass die Mitarbeiter am Ball bleiben, statt die anhaltende Ablehnung oder die komplexere Marktsituation als Ausrede für ihren Misserfolg zu nutzen. Oder sich dadurch ausbremsen zu lassen.

Umgang mit Ablehnung

Ablehnung gehört zum Verkäuferalltag dazu, daran führt kein Weg vorbei. Lass Dich davon nicht ablenken oder entmutigen. Wer aktiv ist, erlebt Negatives. Wenn Du niemandem etwas verkaufen möchtest, bekommst Du auch kein „Nein" zu hören. Das ist aber offensichtlich als Verkäufer nicht zielführend. Ablehnungen sind nicht nur Teil Deiner Tätigkeit, oft genug bringen sie Dich auf Deinem Weg sogar weiter. Nehmen wir an, ich kontaktiere einen Bauträger, mit dem ich gerne zusammenarbeiten würde. Er baut wunderbare Objekte und unser Vertrieb würde hervorragend zu ihm passen. Leider kollaboriert der Bauträger bereits seit Jahren mit einem anderen Makler und lehnt mein Angebot daher dankend ab.

Was im ersten Moment wie verschwendete Zeit aussieht, kann sich noch als geglücktes Marketing entpuppen. Vielleicht stößt unsere Anfrage bei dem Bauträger einen Denkprozess an. Vielleicht vergleicht er anschließend seinen Makler mit uns und öffnet sich doch noch der Möglichkeit einer Zusammenarbeit. Vielleicht empfiehlt er uns aber auch einem anderen

Bauträger in seinem Netzwerk, der noch auf der Suche nach einem Makler ist. Manchmal verwandelt sich also auch eine Ablehnung nach einem guten Gespräch und einer individuellen Beratung später noch in eine Zusage. Dafür musst Du als Verkäufer positiv bleiben und positiv selbst mit Ablehnungen umgehen. Mir ist es schon häufiger passiert, dass sich ein Kunde zuerst für einen anderen Makler entschied, nach einem halben Jahr Erfolglosigkeit aber wieder auf mich zukam. Für mich hatte es dabei nur Vorteile, dass sich dieser Kunde zuerst die Konkurrenz und deren Arbeitsweise ansah – um dann noch überzeugter von mir und meiner Leistung zu sein. Dadurch wurde, was zuerst nach einer Niederlage aussah, zu einem umso größeren Erfolg. Es ist nicht immer offensichtlich, welche Kurven der Weg zum Top-Verkäufer einschlägt. Aber solange Du hartnäckig und wissbegierig bleibst, überwindest Du jegliche Schwierigkeiten.

Manchmal gewinnst Du und manchmal lernst Du dazu: Nutze Rückschläge und Misserfolge, um zu wachsen und zu lernen. Aber lass Dich von ihnen nicht unterkriegen. Tatsächlich solltest Du Rückschläge nicht überbewerten. Sie gehören zum Verkäuferalltag dazu und lehren Dich etwas. Sie sind nie ein Grund dafür, aufzugeben.

“Als Führungskraft musst du die Aufgabe leben, nicht die Position”

6
Der Werkzeugkasten des Profi-Verkäufers

Mach Dich zur Marke

Nun kennst Du die Grundlagen, um ein guter Verkäufer werden zu können. Bevor Du aber überhaupt ein Produkt verkaufst, musst Du Dich erst selbst auf den Verkauf einstellen. Denn Du verkaufst zuerst immer Dich selbst und anschließend Dein Produkt.

Zunächst muss der Kunde bereit sein, sich Dein Angebot anzuhören. Wenn er von vornherein nichts mit Dir als Person zu tun haben will, kann Dein Produkt noch so gut sein, Du wirst es diesem Kunden nicht verkaufen. Das trifft selbst auf Verkäufer zu, die sich am Markt bereits einen Namen gemacht haben. Mit zunehmenden Erfolg neigen viele talentierte Verkäufer dazu, arrogant zu werden, was sich hinderlich auf ihren weiteren Erfolg auswirkt.

«Arroganz ist die ekelhafteste Eigenschaft.»
- Reinhold Würth

Bodenständigkeit, Freundlichkeit, Zuverlässigkeit und Serviceorientierung zeugen dagegen von mehr als nur einem netten Charakter – sie sind ausschlaggebend für Deinen Erfolg. Dein Kunde muss Dir vertrauen, nur dann fällt eine Entscheidung in Deinem Sinne. Vertrauen ist der Grundstein des Verkaufens und Du gewinnst es durch professionelle Beratung. Du bist der Experte und solltest Dein Wissen zum Nutzen des Kunden einsetzen. Niemand kauft Dein Produkt, wenn er das Gefühl hat, Du weißt als Verkäufer nicht, wovon Du sprichst. Oder wenn Zweifel an Deiner Glaubwürdigkeit aufkommen. Wenn Du stattdessen professionell auftrittst, gut vorbereitet bist und Antworten auf alle Fragen bieten kannst, ist das der erste Schritt zum erfolgreich abgeschlossenen Deal.

Überzeuge durch Deine Persönlichkeit

Auch wenn Du nicht immer einen direkten Konkurrenten im Blick hast oder weißt, wer alles vergleichbare Produkte anbietet - beim Vertrieb geht es immer darum, sich gegen andere Konkurrenten durchzusetzen, auch auf zwischenmenschlicher Ebene. Du weißt nie, mit wem Deine Kunden noch gesprochen haben oder wer alles schon mit einem Angebot an sie herangetreten ist. Bei den gleichen Angeboten von mehreren Verkäufern gewinnt der sympathischste Verkäufer. Er gewinnt sogar dann, wenn sein Angebot ein wenig schlechter ist als das der anderen. Was bedeutet das für Dich konkret?

Verbreite Freude, sei freundlich, sei ein Verkäufer, auf den sich Deine Kunden bereits im Vorfeld freuen. Wenn Du mit einem strahlenden Lächeln, herzlicher Manier und gepflegtem Auftritt vor der Tür stehst, und bereits bei Deinem reinen Anblick gute Laune verbreitest, wer würde Dir dann nicht gerne öffnen? Als Top-Verkäufer trittst Du mit vielen Menschen in Kontakt – stell Dir vor, Du kannst den Tag jedes einzelnen Kunden mit Deiner Anwesenheit ein wenig besser machen. Mach Dein Geschäft zu einem Erlebnis. Finde Deine eigenen Worte für das Produkt und beschreibe den Mehrwert aus Deiner persönlichen Sicht. Dein Gegenüber merkt, ob Du hinter dem stehst, was Du sagst, oder ob Du lediglich vorgefertigte Phrasen herunterleierst. Wenn Deine Kunden das Gefühl bekommen, dass Du gerne mit ihnen Geschäfte machst, Freude daran hast und vor allem ehrlich begeistert von Deinem eigenen Tun bist, spiegelt sich das in Deiner Abschlussquote wider.

Wiedererkennungseffekt

Dein Auftreten geht dabei Hand in Hand mit Deinem Marketing. Mit beidem zusammen erschaffst Du einen Wiedererkennungseffekt. Vermarkte Dich selbst derart stringent, dass Kunden beim Hören Deines Namens direkt etwas Bestimmtes mit ihm in Verbindung bringen. Mittels eines durchgehenden Marketings mit einheitlichem Corporate Design verbinden die Menschen eine konkrete Vorstellung mit Dir und Deinem Namen. Zum Beispiel: Christian Ludl = schneller und professioneller Hausverkauf. So wie jeder, der den Namen Ferrari hört, an rote Sportwagen denkt, kann auch Dein Name direkt ein Bild vor dem geistigen Auge hervorrufen. Auf diese Weise wirst auch Du zur Marke. Dein authentisches und gleichzeitig professionelles Auftreten sind hierfür ausschlaggebend. Sobald Dein eigenes Auftreten Deinem Namen als Marke gerecht wird, erleichtert Dir das den Verkauf Deines Produktes immens.

Du hast in der Folge beim Kunden bereits ein Stein im Brett und kannst zuversichtlich den eigentlichen Verkaufsprozess angehen.

Was macht Dich zur Marke?

____

____

____

____

____

____

____

Der Ablauf eines professionellen Verkaufsprozesses

Ein Verkauf ist meist nicht mit einem Termin abgeschlossen, jedenfalls nicht, wenn es sich um komplexere Produkte oder Dienstleistungen handelt. Vielmehr ist der Verkauf ein Prozess, der sich über mehrere Etappen und Termine zieht. Jede Etappe hält dabei ihre eigenen Schikanen bereit und nur weil man eine Etappe besonders gut gemeistert hat, heißt das nicht, dass man den Verkauf in der Tasche hat. Wie bei der Tour de France gewinnt derjenige, der am Ende vorne liegt. Dafür muss er aber sämtliche Etappen besser als der Durchschnitt gemeistert haben.

In meinem Unternehmen läuft der Verkaufsprozess folgendermaßen ab: Nachdem der Lead das Unternehmen erreicht hat, zum Beispiel durch das Marketing mittels einer Anzeige auf Facebook, erfolgt der erste Termin beim Kunden. Bei diesem lernen wir den Kunden zunächst kennen, besichtigen seine Immobilie und erklären ihm, wer wir sind, was wir tun, wie wir arbeiten sowie was unsere Alleinstellungsmerkmale sind. Wenn bis dahin alles gut läuft, vereinbaren wir direkt einen zweiten Termin. Falls der Kunde noch nicht überzeugt ist, nutzen wir die unten näher erläuterte Einwandbehandlung oder auch Tools wie das Follow-Up. Zurück im Büro nehmen wir uns die Marktwertermittlung vor. Je professioneller Du in jeglichen Hintergrundrecherchen vorgehst, desto besser. Eine professionelle Marktwertermittlung für Immobilien ist dabei ein komplexer Prozess.

Einige wichtige Aspekte, die hier entscheidend mit einfließen, sind unter anderem die Lage, der Zustand, die Größe, das Grundstück und die Ausstattung. Es gibt unterschiedliche Verfahrensweisen, die professionelle Gutachter oder wir Immobilienexperten anwenden. Methoden wie das Vergleichswertverfahren, das Ertragswertverfahren oder auch das Sachwertverfahren helfen uns den Marktwert einer Immobilie zu ermitteln.

Nicht zu verachten ist hierfür ergänzend die eigene Expertise, die am Ende des Tages ein entscheidender Faktor ist. Kenne Deine Zahlen und Fakten und beziehe möglichst viele Informationen aus unterschiedlichen Quellen in Deine Recherche ein. So stellst Du sicher, dass Du nichts übersehen hast. Beim zweiten Kundentermin sprechen wir mit dem Kunden über den von uns ermittelten Marktpreis und die mögliche Vermarktungsstrategie. Sind alle Beteiligten mit dem Angebot zufrieden, erfolgt bereits zu diesem Zeitpunkt der Abschluss. Falls nicht, nutzen wir auch hier wieder die Einwandbehandlung, die ich Dir weiter unten erkläre. Wenn wir den Auftrag bekommen, besorgen wir uns die notwendigen Unterlagen, wie unter anderem den Grundbuchauszug, den Lageplan, Baupläne und Baugenehmigungen, Grundrisse, Energieausweis, Wartungs- und Reparaturkontrollen und so weiter. Bei einer Wohnung können das auch Nebenkostenabrechnungen, Protokolle der Eigentümerversammlungen oder der aktuelle Wirtschaftsplan sein.

Wir bereiten alles für den Verkauf vor, wie Verträge, Fotos vom Objekt und mehr, erarbeiten ein Exposé und stellen die Immobilie online. Im Anschluss filtern wir die Anfragen für die Immobilie, damit nur die wirklich ernstgemeinten bei unserem Kunden landen. Wir leiten die Besichtigungen vor Ort, sodass der Verkäufer dafür nicht anwesend sein muss.

Haben wir einen potenziellen Kandidaten gefunden, stellen wir den Kontakt zwischen Kaufinteressenten und Kunden her. Aber damit endet unsere Arbeit noch nicht. Wenn sich beide Parteien einig sind, beziehungsweise der Interessent den Kaufzuschlag vom Eigentümer bekommen hat, folgt der nächste und mit wichtigste Schritt zur Sicherheit aller Beteiligten für einen erfolgreichen Kaufabschluss: die objektspezifische Finanzierungsbestätigung!

Wir erleben es immer wieder, dass sich Eigentümer, die erst selbst versuchten, ihre Immobilie zu verkaufen, mit der Bitte an uns wenden, den Verkauf nun doch in professionelle Hand zu nehmen. Einer der Hauptgründe dafür ist, dass ihnen zum wiederholten Male der Notartermin aufgrund einer fehlenden Finanzierungszusage des Interessenten geplatzt ist. Und das, obwohl dieser doch bereits bei der ersten Besichtigung eine Finanzierungszusage mitgebracht hatte. Solche Eigentümer kennen das wirkliche Problem hinter der Sachlage nicht: Eine Finanzierungsbestätigung, die eine Bank vorab ausstellt, um ihren Kunden „die grundsätzliche Bereitschaft" für einen Immobilienkauf über eine bestimmte Summe zu bestätigen, ist meist mit einem Beisatz versehen. So kann der grobe Wortlaut wie folgt lauten:

Hiermit bestätigen wir Familie Mustermann, ihren Immobilienkauf bis zu einer Summe von 500.000 € zu begleiten …

Und dann folgt der zweite und letztlich entscheidende Satz: *… vorbehaltlich eingehender Prüfung der Objektunterlagen!*

Warum ist das so? Ganz einfach: Eine Bank kann eine Finanzierung nicht einfach blind bestätigen. Liegen ihr alle Unterlagen für das gewünschte Objekt vor, führt die Bank eine Bewertung des Objektes durch und prüft alle Unterlagen – die der Interessent ja in der Regel erst nach der Besichtigung erhält. Wird hier dann festgestellt, dass das Objekt zu teuer ist oder etwas mit den Unterlagen nicht stimmt, zum Beispiel falsche Angaben bei der ausgewiesenen Wohnfläche gemacht wurden, wird die Finanzierung seitens der Bank nicht begleitet. Genau deshalb ist es so wichtig, eine professionelle Wertermittlung durchzuführen und alle Unterlagen zu prüfen. Wir klären die Finanzierung letztgültig, sodass der Kauf auch wirklich in trockenen Tüchern ist. Die finanzielle Sicherheit ist Teil unserer Dienstleistung für unsere Kunden. Abschließend fehlt nur noch der Notartermin mit der Unterzeichnung des Kaufvertrages. Von der ersten Kontaktaufnahme bis zum Notartermin spielt die Kommunikation mit unseren Kunden die größte Rolle. Selbst wenn der Verkaufsprozess für Dein Produkt anders ausfällt, so bleibt eines gleich: Es sind die Gespräche mit dem Kunden, die darüber entscheiden, ob es zum Verkauf kommt oder nicht. Deswegen sind sie der wichtigste Teil des Verkaufsprozesses.

Der Ablauf des Verkaufsgesprächs

Vorbereitung

Erkundige Dich über Deinen Kunden, in unserem Fall als Makler über den Eigentümer. Eine Google-Suche und ein Blick auf das Social Media-Profil sagen bereits viel aus. Stell Dich auf Dein Gegenüber ein. Welchem Beruf geht er nach? Welchen Hintergrund hat er?

Im Immobilienbereich betrachten wir während der Vorbereitung auch die aktuelle Bebauung. Ist eine Nachverdichtung möglich, also die Erweiterung durch Anbauten oder zusätzliche Immobilien auf dem Grundstück? Herrscht vielleicht ein Denkmal- oder Ensembleschutz, den es zu berücksichtigen gilt? Gibt es vergleichbare Objekte in der Gegend?

Ein Wissensvorsprung durch ergiebige Recherche kann einen Vorsprung im Verkaufsgespräch bedeuten. Wenn Du Dich dann auf den Weg zum Kundentermin machst, plane ausreichend Pufferzeit ein. Sei auf alle Anforderung eingestellt. In unserem Fall heißt das, neben der Verkäufermappe auch Maßband oder Laser-Entfernungsmesser, eine Taschenlampe oder Schuhüberzieher parat zu haben. Mit der richtigen Vorbereitung allein hebst Du Dich bereits von den meisten anderen Verkäufern ab, die lediglich mit Block und Stift unterm Arm antreten. Das eigentliche Verkaufsgespräch teilt sich anschließend in fünf Phasen auf, die teilweise aufeinander aufbauen, sich aber auch flexibel abwechseln können:

Einstieg (Small Talk)

Für den perfekten Einstieg in das Verkaufsgespräch spielt es eine bedeutende Rolle, ob Du dem Kunden empfohlen wurdest oder ob es sich um eine Kaltakquise handelt. Kommst Du auf Empfehlung, kannst Du den Einstieg relativ knapphalten. Dein guter Ruf eilt Dir voraus, wodurch Du bereits eine Basis mit dem Kunden besitzt, auf der Du aufbauen kannst.

Bei einer Kaltakquise ist der Einstieg etwas schwieriger. Gegebenenfalls musst Du Dich ein wenig umsehen, um eine gute Gesprächsbasis mit dem Kunden zu finden. Alles kann zum Anknüpfungspunkt werden: Wenn ein Foto von einem Fußballspieler an der Wand hängt, kannst Du den Kunden darauf und auf eine eventuell vorhandene Fußballleidenschaft ansprechen. Begrüßt Dich ein Haustier, berichte von Deiner Vorliebe für Hunden und Katzen. Versuche aus dem Moment heraus eine Gemeinsamkeit zu finden, die Dich und den Kunden auf eine Wellenlänge bringt. Am besten eignen sich Interessen, Hobbys oder sonstige Freizeitaktivitäten. Es kann aber auch genauso gut die Pflanze im Büro Deines Kunden sein, die zum Gesprächsaufhänger wird. Ob nun Empfehlung oder

Kaltakquise – Dein Ziel ist es in jedem Fall, den Kunden abzuholen und ihm zu zeigen, dass Du nicht nur an einem Verkauf, sondern an seiner Person, seinem Leben und an seinem Wohl interessiert bist. Er soll sich nicht wie eine Nummer fühlen, die Du nur abarbeitest.

Bedarfsanalyse

Ist der Einstieg gemeistert, beginnst Du mit der Bedarfsanalyse Deines Kunden – dem Herzstück des Verkaufsgesprächs! Was sind die Bedürfnisse des Kunden? Wo liegen seine Schmerzpunkte? Was ist sein Warum? Bedürfnisse von Kunden gehen immer auf einen bestimmten Schmerz oder Druck zurück. Jemand, der zum Beispiel im Zuge ist, sich scheiden zu lassen und auseinanderzuziehen, steht eventuell unter zeitlichem Druck. Ein Immobilieneigentümer, der Schulden tilgen muss und deshalb das Geld des Verkaufs braucht, steht unter finanziellem Druck. Schmerz und Druck führen dazu, dass Personen billiger verkaufen und teurer kaufen. Jemand, der ein bestimmtes Produkt braucht und keine Zeit hat, sich weiter nach Alternativen umzusehen, ist bereit, einen höheren Preis zu zahlen, um dem Druck zu entgehen. Es ist an Dir, den Bedarf des Kunden und seinen Schmerz herauszufinden. Leider kommt die Bedarfsanalyse im Verkaufsgespräch der meisten Verkäufer zu kurz. Nehmen wir an, Du gehst ins

Elektronikgeschäft und fragst einen der Verkäufer nach einer Kaffeemaschine. Aller Wahrscheinlichkeit nach präsentiert er Dir sämtliche vorhandenen Kaffeemaschinen – vom Vollautomaten bis zur Padmaschine. Dadurch bist Du von der Auswahl erstmal überfordert und weißt nicht, nach welchen Kriterien Du abwägen sollst. Du fühlst Dich außer Stande eine Entscheidung zu treffen und verlässt den Laden wieder.

Ohne Kaffeemaschine. Hätte der Verkäufer nach Deinem eigentlichen Bedarf und Deinen Wünschen gefragt, hätte er die Produktpalette für Dich filtern und dadurch die Auswahl eingrenzen können. Nehmen wir an, Du suchst nach einer Kaffeemaschine für Deine Büroküche. Da Letztere klein ist und Du nur Kaffee für Dich selbst oder einen Kunden machst, suchst Du vor allem eine platzsparende Variante. Mit diesen Informationen ausgestattet wird der Verkäufer Dir wohl kaum einen Kaffeevollautomaten für echte Genießer empfehlen, sondern eher zwei bis drei verschiedene Padmaschinen vorstellen und deren Unterschiede erläutern.

Dadurch bist Du als Kunde in der Lage, eine Entscheidung darüber zu treffen, ob eine der Maschinen Deinen Bedarf erfüllt. Liegt der Preis der Kaffeemaschinen nicht außerhalb Deines Budgets, verlässt Du den Markt mit Sicherheit mit einer Kaffeemaschine unter dem Arm. Genau hier also scheidet sich die Spreu vom Weizen: Ein Top-Verkäufer klärt immer zuerst ab, was der Kunde wirklich braucht. Für wie viele Personen will er Kaffee kochen und welche Art von Kaffee? Wie wichtig sind Schnelligkeit, Geschmack und Preis? Das zeugt nicht nur von gutem Service, es vermittelt dem Kunden auch: Wir denken für Dich mit. Wir bieten Dir genau das Produkt, das für Dich geeignet ist.

Teilweise kennen Kunden ihre eigenen Bedürfnisse selbst nicht, dann musst Du sie durch die richtigen Fragen herausfinden. Auch das baut Vertrauen in Deine Leistungen auf und ein Kunde fühlt sich bei Dir gut aufgehoben. In meinem Unternehmen setzen wir uns zunächst mit dem Kunden zusammen und finden heraus, warum er überhaupt sein Haus verkaufen will. Gegebenenfalls werden diese Gründe des Kunden beim Verkauf ausschlaggebend, um das Haus nicht jemandem zu verkaufen, der anschließend in die gleiche Situation wie sein Vorgänger gerät. Stell Dir vor, jemand möchte sein Haus verkaufen, weil er mit dem Lärm der zwölf Nachbarhunde nicht zurechtkommt. Dann kannst Du das Haus niemandem verkaufen, der Wert auf Ruhe legt. Beim Erforschen des Warums des Kunden ist Fingerspitzengefühl gefragt, aber nur so sind am Schluss alle Beteiligten mit dem Geschäft zufrieden. Wer fragt, der führt. Finde durch Fragen so viel wie möglich heraus und lass den Kunden erzählen.

Präsentation

Hast Du erst einmal den Bedarf des Kunden ergründet, geht es darum, ihn zu erfüllen. Was kannst Du tun, um den Bedarf zu decken? Wie kannst Du den Schmerz lindern oder beheben? In der Präsentation beantwortest Du genau diese Fragen. Die Präsentation sollte im Idealfall die erste Phase des Verkaufsgespräches sein, in der Du mehr Redeanteile als der Kunde hast. In diesem Rahmen erläuterst Du Dein Vorgehen und Deine Herangehensweise: Was passiert wie in welcher Reihenfolge? Erkläre Deine Strategie und beantworte die Fragen des Kunden. Es lohnt sich, während der Präsentation immer wieder nachzufragen, ob der Kunde Dir noch folgt. Frage regelmäßig nach der Zustimmung Deines Kunden. Der Kunde darf gedanklich nicht auf der Strecke bleiben, sondern sollte jeden Schritt mit Dir gemeinsam gehen. Verdeutliche, was Dich von Deiner Konkurrenz unterscheidet: Warum sollte der Kunde mit Dir Geschäfte machen und nicht mit jemand anderem?

Einwande klären

Nach oder auch schon während der Präsentation bringen die meisten Kunden Einwände und Fragen vor. Kläre eventuelle Einwände des Kunden, indem Du die strukturierte Einwandbehandlung nutzt (siehe nächstes Kapitel). Davor solltest Du jedoch zwischen Vorwand und Einwand unterscheiden:

Ein Vorwand ist eine Ausrede oder ein Grund, den ein potenzieller Kunde angibt, um ein Gespräch zu beenden oder eine Handlung zu vermeiden. In einem Verkaufsgespräch kann ein Vorwand beispielsweise sein: „Ich bin noch nicht bereit dafür, eine Entscheidung zu treffen." Oder: „Ich habe noch andere Makler, die ich kontaktieren möchte." Es ist wichtig, die wahren Gründe für den Vorwand zu verstehen und sie anzusprechen, um die Bedenken des potenziellen Kunden auszuräumen.

Ein Einwand dagegen ist ein tatsächliches Bedenken oder eine Frage, die der Kunde hat. Im Gegensatz zu einem Vorwand ist ein Einwand eine legitime Sorge oder Unwissenheit des Kunden und es ist wichtig, auf sie einzugehen. Ein Beispiel für einen Einwand in einem Immobilienverkaufsgespräch könnte lauten: „Die Größe des Grundstücks bereitet mir Sorgen."

Bei einem Vorwand musst Du den wahren Grund für das Bedenken des Kunden herausfinden und ihn adressieren, während Du bei einem Einwand die Sorge oder Frage des Kunden ansprechen solltest, um eine Lösung zu finden und das Vertrauen des Kunden zu gewinnen.

Abschluss

Als letzte Phase des Verkaufsgesprächs erfolgt der Abschluss. In meinem Verkaufsprozess findet der optimalerweise am Schluss des zweiten Gesprächstermins statt. Je nach Produkt kann es aber auch schneller gehen oder länger dauern, bis Du den Deal mit Deinem Kunden abschließt. Wann immer der Abschluss nicht in Deinem Sinne ausfällt, solltest Du ein paar Schritte im Verkaufsgespräch zurückgehen. Eventuell lief etwas in der Analyse schief und Du hast den Bedarf des Kunden falsch verstanden. Oder die Präsentation war nicht hinreichend auf den Kunden abgestimmt oder deckt die Bedürfnisse des Kunden nicht zielführend ab. Nicht jedes Verkaufsgespräch endet mit einem erfolgreichen Geschäft für Dich. Wenn Du aber alle Phasen ordentlich abarbeitest und Dein Produkt wirklich zum Kunden passt, sollte dem erfolgreichen Abschluss nichts im Weg stehen.

Keine der Phasen des Verkaufsgesprächs darf zu kurz kommen. Selbst wenn Du auf Empfehlung kommst, ist zumindest ein kurzer Einstieg nötig. Und selbst wenn Dir Dein Kunde bereits alle seine Bedürfnisse auf dem Silbertablett präsentiert, solltest Du trotzdem nachhaken, ob eventuelle weitere Schmerzpunkte vorliegen. Sei dabei zu jedem Zeitpunkt komplett transparent. Eventuell musst Du unrealistische Vorstellungen ansprechen und ausräumen. Wenn ein Kunde sein

Haus mit meiner Hilfe für 650.000 Euro verkaufen möchte, das Haus aber nur einen Marktwert von 500.000 Euro hat, bringt es nichts, um den heißen Brei herum zu reden. Viele andere Makler springen hier auf den Kunden an und gaukeln ihm vor, der höhere Preis sei machbar, nur um den Auftrag zu erhalten. Am Ende schlägt dafür die Enttäuschung für alle Seiten umso härter zu. Natürlich kann ich preislich auch flexibel sein, aber dann mache ich dem Kunden klar, dass er sich darauf einrichten muss, in zwei Wochen den Preis anzupassen, wenn bis dahin keine Nachfragen kommen.

Stell Dich selbst, Dein Produkt und Deine Services wahrheitsgemäß und richtig dar. Es geht nicht darum, auf Biegen und Brechen Aufträge zu gewinnen, sondern das Bestmögliche für den Kunden herauszuholen. Im Endeffekt bringt es Dir mehr, wenn Du Dir einen hervorragenden Ruf durch glückliche Kunden erarbeitest, die Dich weiterempfehlen, als dass Du zwar viele Deals abschließt, aber im Nachhinein mit unzufriedenen oder enttäuschten Kunden zu tun hast. Je mehr ein Kunde von Dir und Deiner Dienstleistung überzeugt ist und Dir vertraut, desto besser für Dein zukünftiges Geschäft.

Die Einwandbehandlung

Um zu einem erfolgreichen Abschluss zu gelangen, musst Du im Verkaufsgespräch alle Einwände des Kunden ausräumen können. Eine durchdachte Einwandbehandlung ist daher von entscheidender Bedeutung. Hat der Kunde am Schluss keine Einwände mehr, steht dem Deal nichts mehr im Weg.

Die Einwände des Kunden können alle möglichen Details und Umstände betreffen: Das Produkt an sich, den Preis, den zeitlichen Ablauf und vieles mehr. Falls sich bei mir der Einwand eines Kunden gegen meine Provision richtet, trete ich einen Schritt zurück und richte mein Augenmerk noch einmal auf die Bedarfsanalyse. Denn wenn der Kunde wirklich die Dienstleistungen möchte, die ich ihm anbiete, sollte er die Provision akzeptieren können. Unter Umständen kann ich Teile meiner Leistung streichen und so die Provision reduzieren, um ihm entgegenzukommen.

Eventuell muss ich auch zur Präsentation zurückkehren und ihm genauer erläutern, wofür er die Provision zahlt. Ich erläutere, wo unsere Kosten liegen und was mit seinem Geld passiert. Wenn wir zum Beispiel in weniger Plattformen inserieren, zahlt der Kunde zwar weniger, aber die Sichtbarkeit der Immobilie leidet darunter. Insbesondere in der derzeitigen Marktsituation ist es wichtig, so viele Kaufinteressenten wie möglich zu erreichen und das bedeutet mehr Aufwand und höhere Kosten. Sobald ein Kunde versteht, dass wir deutlich mehr leisten als andere Makler, kommt an der Provision normalerweise kein Zweifel mehr auf. Wenn doch, ist es nicht der richtige Kunde für mich. Menschen, die nicht bereit sind, Geld zu investieren oder alles nur zu einem Minimum der Kosten bekommen wollen, verursachen in der weiteren Zusammenarbeit meist Ärger.

Du ersparst Dir jede Menge Stress, wenn Du auf diese Kunden verzichtest. Ein professioneller Käufer verkauft nicht an jeden, sondern nur an die Kunden, die sein Produkt wirklich brauchen und wertschätzen. Das bedeutet nicht zwangsläufig etwas Schlechtes, wenn manche Kunden Dein Produkt ablehnen. Dann passt es einfach nicht und es bringt Dir nichts, eine Zweckehe mit vielen faulen Kompromissen einzugehen. Kunde, Produkt und Verkäufer müssen sich auf einer Ebene begegnen können, nur so kommt ein Deal zustande, der eine Win-Win-Situation für alle Beteiligten auslöst. Allerdings ist ein Nichtzustandekommen der Zusammenarbeit eher die Ausnahme.

Bei den meisten Einwänden steht Dir sogenannte Verhandlungsmasse zur Verfügung. Verhandlungsmasse bedeutet dabei nicht nur finanzielle Vorteile zu schaffen wie zum Beispiel ein besseres Angebot. Du kannst auch Fristen gezielt zu Gunsten des Kunden setzen oder ihm zusätzliche Services anbieten. Eine weitere Möglichkeit ist es, einen Einwand im

Gespräch nach hinten zu verschieben. Biete dem potenziellen Kunden an, dass Du zu einem späteren Zeitpunkt auf den Sachverhalt eingehst. Bis zum Ende des Gesprächs hat sich der Einwand womöglich bereits geklärt. Beispielsweise sollten Einwände des Kunden hinsichtlich der Preisgestaltung oder Courtage direkt aufgegriffen und isoliert behandelt werden. Einwände, die sich um Dinge wie die Vermarktungsstrategie drehen, schiebe ich ans Ende des Gesprächs, da sich derlei Einwände meistens durch die ausführliche Beschreibung im Gesprächsverlauf auflösen.

Es ist wichtig, jeden Einwand ernst zu nehmen und dementsprechend zu behandeln. Ob der Einwand dann sofort oder am Ende des Gesprächs behandelt wird, variiert und hängt vom jeweiligen Einwand ab. Ein absolutes No-Go: Versuche niemals, einen Kunden übers Ohr zu hauen. Eine offene und ehrliche Diskussion bringt Dich in der Einwandbehandlung am besten weiter. Wer einmal einen Kunden über den Tisch gezogen hat, ruiniert seinen Ruf unwiederbringlich. Steh dazu, was Du und Dein Produkt leisten können und was nicht, sonst gibt es im Laufe der Zusammenarbeit ohnehin Ärger, weil Du die Erwartungen des Kunden nicht erfüllen kannst.

Je ordentlicher Du im Vorfeld bereits gearbeitet hast, desto weniger Einwände bringt ein Kunde normalerweise vor, da du jegliche offenen Punkte durch Deine Recherche bereits herausgefunden und im Gespräch geklärt hast.

Was sind mögliche Einwände zu Deinem Produkt?

Einwände vorwegnehmen

Im Idealfall lässt Deine Präsentation natürlich erst keine Einwände aufkommen. Nutze also Deine Präsentation dafür, Einwänden zuvorzukommen, indem Du sie beantwortest, bevor der Kunde sie anspricht.

Das setzt selbstverständlich eine sorgfältige Vorbereitung im Vorfeld des Gespräches voraus. Nimm die Perspektive Deines potenziellen Kunden ein und schau Dir eventuelle Konkurrenzprodukte oder Produkte an, an denen Dein Kunde ebenfalls interessiert sein könnte. Welche Schwierigkeiten gibt es bei denen? Welche Probleme lösen sie umgekehrt für den Kunden? Informiere Dich, wie die aktuelle Marktlage und was im Moment angesagt ist. Mit diesem Wissen kannst Du den Zweifeln des Kunden begegnen, bevor sie sich im Kopf des Kunden einnisten.

Nehmen wir an, Du bist Autohändler und ein Kunde interessiert sich für Deinen Audi A8. Bevor ihr überhaupt über einen Preis gesprochen habt, erzählt er Dir, ein Nachbar habe das gleiche Auto für einen Preis erstanden, der nun deutlich unter dem liegt, was Du für den Verkauf erzielen möchtest und der weit unter dem Marktwert lag. Das weißt Du, aber der Kunde offensichtlich nicht. Er sieht bei einem höheren Preis zunächst nur das Mehr an Kosten, das er gegenüber seinem Nachbar hat. Wie gehst Du also damit um, ohne den Kunden zu verprellen? Sprich diesen Umstand direkt an und erkläre dem Kunden, warum das andere Auto günstiger war, welche Leistungen beim Kauf Deines A8 enthalten sind, der andere nicht bekommen hat und werte dadurch Dein Angebot so auf, dass der Kunde den Preisunterschied nachvollziehen kann.

Dadurch nimmst Du den Einwand vorweg, dass der Kunde für das Auto vielleicht gerne den gleichen Preis bezahlen möchte. Je besser Du Deine Hausaufgaben gemacht und Deine Marktanalyse parat hast, desto leichter wird es Dir fallen, Einwände vorwegzunehmen. Biete dem Kunden Fakten, die jegliche Einwände von vorneherein ausschließen. Ein gutes Mittel zur Einwandbehandlung sind auch Praxisbeispiele, die dem Fall des jetzigen Kunden ähneln.

Greife auf Fallbeispiele zurück, sobald Du den Verdacht hast, dass der Kunde einen bestimmten Einwand bringen möchte, den Du nur schlecht mit Fakten entkräften kannst, weil er mehr emotionaler Natur ist. Ein typischer Einwand, den viele Kunden vorbringen, ist der Vergleich Deines Produkts mit dem der Konkurrenz. Wenn Du Dich ausreichend über Deine Konkurrenz informiert hast, kannst Du hier direkt herausstellen, durch welche Vorteile Du Dich von ihnen abhebst. Vielleicht bietest Du einen Service an, den andere nicht in ihrem Portfolio haben. Besitzt Du eventuell Fachwissen und Erfahrungen, die andere nicht vorweisen können? Oder kennst Du Dich in einem bestimmten Bereich besser aus? Mache den Kunden auf Argumente aufmerksam, die andere vielleicht anbringen, die aber nicht haltbar sind. Vorsicht: Es geht nicht darum, die anderen schlecht zu reden, sondern sachlich die Unterschiede aufzuzeigen. So lässt Du dem Kunden die Freiheit, sich aufgrund des zu Dir gewonnenen Vertrauens für Dich und Deine Leistungen zu entscheiden.

Im Grunde kommt es darauf an, bereits zu ahnen, was dem Kunden auf der Zunge liegt, und darauf einzugehen, bevor er es anspricht. Je mehr Verkaufsgespräche Du führst und je mehr Übung Du hast, desto leichter wird Dir die Vorwegnahme von Einwänden fallen. Du kennst Dein Produkt und die gängigen Vorurteile oder Vorbehalte dagegen und entwickelst ein Gespür dafür, welche Sorgen und Fragen die meisten Kunden umtreiben. Du siehst die subtilen Signale, die Dein Gegenüber aussendet und gehst direkt auf sie ein. Mit Übung und Zeit wird Dir das immer leichter von der Hand gehen, bis Du schließlich nicht mehr über die passenden Argumente nachdenken musst.

Leitfaden für das Verkaufsgespräch

Anfangs ist es normal, wenn Du Dich unsicher fühlst, insbesondere in der Einwandbehandlung. Auch mir waren viele Teile des Verkaufsgesprächs früher unangenehm. Hier hilft es, eine Struktur festzulegen, an der Du Dich beim Gespräch entlanghangeln kannst. Wenn Du neu im Team bist, such Dir wenn möglich jemanden, der sich hervorragend mit Deinem Produkt auskennt und auch die typischen Einwände Deiner Kunden bereits gehört hat. Diese erfahrenere Person besitzt aller Wahrscheinlichkeit nach bereits einen roten Faden, dem sie während eines Verkaufsgesprächs folgt. An diesem roten Faden kannst auch Du Dich orientieren, allerdings mit Vorbehalten.

Den passenden roten Faden finden

Bei jedem Produkt gibt es einen roten Faden, der sich durch das Verkaufsgespräch zieht. Auf folgende Elemente kommt es in jedem Gespräch unabhängig vom Produkt an: Was sind die wichtigsten Produktmerkmale? Wo liegen normalerweise die Schmerzpunkte potenzieller Kunden? Welche Einwände bringen sie vor? Zum Beispiel muten Telemarketingverkäufer, die Haushaltsprodukte anbieten, vielleicht langweilig an. Wer will schon viel Geld für einen Staubsauger, Wischmopp oder Mixer ausgeben? Wenn Dir der Verkäufer aber exakt beschreiben kann, warum das von ihm angebotene Produkt genau Deine Probleme löst, wenn er auf Deine Wünsche eingeht und Dir klar machen kann, warum das Produkt für Dich bestimmt ist – dann wirst Du es aller Wahrscheinlichkeit nach kaufen. Finde heraus, was Dein Produkt ausmacht, warum die Menschen es kaufen sollten und erstelle darauf aufbauend Deinen roten Faden fürs Gespräch.

Wann immer Du ein Verkaufsgespräch geführt hast, mach Dir Notizen dazu: Was lief gut? Was hätte besser laufen können? So verfeinerst Du Dein Leitfaden kontinuierlich, er wird detaillierter und Du wirst in seiner Anwendung sicherer. Achte darauf, elementaren Schritte im Leitfaden zu berücksichtigen – vom Finden eines gemeinsamen Themas für den Einstieg bis hin zur Vorwegnahme von Einwänden.

Leitfaden anpassen

Lege Dir mit anderen Worten eine Strategie zurecht, die zu Dir und Deinem Angebot passt. Für manche Verkäufer ergibt es Sinn, sich zuerst mit dem Kunden für ein Gespräch zusammenzusetzen und die eigenen Leistungen zu erläutern. Für andere ist es besser, zuerst die Bedarfsanalyse durchzuführen.

Ich setze mich gerne erst mit meinen Kunden hin und stelle vor, wer wir sind und wie wir arbeiten – also wen sie sich da überhaupt ins Haus geholt haben. Schließlich geht es in vielen Fällen um des Kunden größtes Hab und Gut. Danach begehen wir die Immobilie und klären am Schluss noch offene Fragen.

Die fünf Phasen des Verkaufsgespräches müssen auf Dich und Deinen Kunden abgestimmt sein. Vorgefertigte Vorgehensweisen, die Du aus Verkaufstrainern kennst, können Dir einen groben Überblick geben, aber am Ende musst Du Deinen eigenen roten Faden erstellen, der zu Dir und Deiner Situation passt. Du solltest Deine eigenen Worte wählen und Dich mit Deinem Leitfaden wohlfühlen, nur so trittst Du authentisch und ehrlich auf. Es gibt kaum etwas Schlimmeres, als einen Verkäufer, der vorgefertigte Texte abliest oder auswendig gelernt hat, die gestelzt klingen und für Deinen Kunden in der Situation keine Relevanz besitzen. In jeder Phase sollte Dein Kunde das Gefühl haben, dass es um ihn geht und um nichts anderes. Wie kannst Du den Bedarf für Dein Produkt bei Deinem Kunden wecken? Was musst Du ihm erläutern, damit er Dein Produkt kaufen will und kein anderes?

Welche Details muss er wissen, um eine Entscheidung treffen zu können? Welche Informationen sind vielleicht zu viel und verwirren mehr, als dass sie nützen? Wie kannst Du Deine Strategie gestalten, um bestmöglich auf den Kunden eingehen zu können? Ein Top-Verkäufer ist in dieser Hinsicht wie ein Chamäleon: Er passt sich an die Bedürfnisse des Kunden an und argumentiert aus dessen Perspektive für das Produkt. Auswendig gelernte Floskeln können das nicht leisten. Als ich 2011 in Ingolstadt wohnte, war meine damalige Freundin zu einer Thermomix-Party eingeladen.

Ich hatte von Thermomix gehört, wusste aber hauptsächlich, wie unglaublich teuer sie sind. Als meine Freundin mich fragte, ob ich mitkommen wolle, lehnte ich von ganzem Herzen ab. Ich wollte mir auf keinen Fall ein Küchengerät für um die 1.000 Euro kaufen. Etwas später rief der Partner der Frau an, bei der die Party stattfinden sollte, und berichtete, dass mehrere Personen abgesagt hätten. Ob ich denn nicht Lust hätte, mich mit ihm dazuzusetzen, um die Lücken zu füllen, ein paar Bier zu trinken und uns über Küchengeräte zu amüsieren? Na gut, dachte ich mir und ließ mich überreden.

Während der Vorführung fand die Verkäuferin heraus, das ich schon mein Leben lang gern koche, und band mich in die Testvorführungen des Thermomix ein. Was passierte? Sie sah meine Bedürfnisse, passte ihre Präsentation an und am Ende war ich von der Maschine begeistert. Ich sagte zu meiner Freundin, genau so einen bräuchten wir. Die Thermomix-Verkäuferin weckte mein Interesse und ich ließ mich darauf ein. Sie präsentierte mir, was der Thermomix für mich persönlich tun kann. Der Thermomix bekam in der Folge für mich einen Mehrwert. Das rechtfertigte den Preis von 1.000

Euro, denn ich erkannte, dass eine dieser Maschinen eine ganze Reihe anderer Küchengeräte ersetzen kann – vom Rösten übers Häckseln bis zum Kochen. Die Thermomix-Verkäuferin hat alles richtig gemacht: Sie ging auf mich als Kunden ein und machte deutlich, wie ihr Produkt mein Leben verbessern kann. Sie hatte sicherlich einen roten Faden in der Präsentation und wäre für die verschiedensten Einwände gerüstet gewesen, aber sie ging speziell auf meine Skepsis gegenüber dem Gerät ein – sie passte ihren Leitfaden auf mich an und gewann dadurch erst mein Interesse und anschließend meine Zustimmung.

Schlagzahl geht vor Schlagkraft

Wenn Du Deinen Leitfaden soweit entwickelt hast, dass Du regelmäßige Anfragen routiniert bearbeiten kannst, wird Deine Quote entscheidend. Weißt Du beispielsweise, dass bei zehn Anfragen neun Ablehnungen auf eine Annahme folgen, kannst Du errechnen, wie viele Anfragen Du im Durchschnitt stellen musst, um eine bestimmte Anzahl an Annahmen zu erhalten. Das ist das Grundprinzip, auf dem KPIs (Key Performance Indicators) basieren. Nach dem Motto „umso öfter, umso mehr" musst Du lediglich Deine Schlagzahl erhöhen, um auf eine bestimmte Quote zu kommen.

Die Schlagzahl ist also die Anzahl an Anfragen, während die Schlagkraft die Qualität beschreibt, mit der die Anfragen durchgeführt werden. Es ist verlockend, zu denken, dass Qualität vor Quantität geht. In vielen anderen Lebensbereichen ist genau das der Fall – aber nicht im Vertrieb. Einer meiner Geschäftspartner fixierte sich zum Beispiel zu sehr auf die Qualität seiner Anfragen und Verkaufsgespräche und ließ die Quantität, die Schlagzahl, außer Acht. Das brachte ihn an einen Punkt, an dem er seinen Leitfaden und seine Gesprächsstrategie perfektioniert hatte, aber seine Möglichkeiten nicht weiter ausbauen konnte. Er stand auf einem Plateau und wusste nicht weiter. Er konnte seine Schlagzahl nicht weiter erhöhen.

Mehr Arbeitszeit, mehr Abschlüsse

Ich riet ihm, sich Mitarbeiter einzustellen, die seine Aufträge übernehmen könnten. Sein Gegenargument: nur wenn er alle Aufträge selbst bearbeitete, konnte er sicher sein, dass alle zu hundert Prozent zum erfolgreichen Abschluss gelangen. Hier aber lag sein Denkfehler: Er allein konnte hundert Prozent seiner Aufträge abschließen, allerdings nur bis zu einer bestimmten Anzahl an Aufträgen. Wenn er sich nun drei Mitarbeiter hinzuholte, die jeweils zwar nur siebzig Prozent ihrer Aufträge erfolgreich abschließen, aber dafür dreimal so viele Aufträge bearbeiten können, wie er allein, hätte er immer noch deutlich mehr abgeschlossene Aufträge. Nicht immer musst Du alles selbst erledigen. Nicht nur können Mitarbeiter Deine Auftragsmenge erhöhen, im Optimalfall steigern sie auch die Leistung. Denn nur, weil Du jemand anderem Aufgaben überantwortest, bedeutet das nicht, dass sie schlechter erledigt werden als vorher.

Gleiche Zeit, mehr Abschlüsse

Je schneller Du einen Deal abschließt – allein oder mit fremder Hilfe – desto eher kannst Du Dich dem nächsten widmen. Das ist nicht nur in Deinem Interesse, sondern im Interesse aller Beteiligten. Das gilt insbesondere für schwierige Kunden und

Wackelkandidaten: Anstatt meine gesamte Zeit darauf zu verwenden, mich an einem Kunden festzubeißen, um diesen umzustimmen, könnte ich in der gleichen Zeit mit sechs einfacheren Kunden sprechen und die mit einem Geschäft glücklich machen. Teilweise ergibt es sogar Sinn, Geschäfte schneller abzuschließen, selbst wenn der erzielte Preis niedriger liegt als erhofft. Zum Beispiel immer dann, wenn sich die Marktlage ändert. Dann kann es gut sein, dass Du in naher Zukunft nur noch weit schlechtere Preise erzielen wirst. Das war auch im Immobilienmarkt der Fall. Als sich der Markt vom Verkäufer- zum Käufermarkt drehte, schlossen wir Geschäfte ab, selbst wenn wir leicht unter dem erwünschten Preis lagen, weil wir wussten, dass dies unsere letzte gute Chance ist, derlei Preise überhaupt zu erzielen.

Anstatt Deine Zeit darauf zu verschwenden, den bestmöglichen Preis zu erzielen, empfehle ich Dir, auf mehr Abschlüsse zu setzen. Nehmen wir an, Du möchtest einen Verkauf am Telefon abwickeln. Wenn Du Dich nun zu lange und intensiv auf den einzelnen Kunden vorbereitest, um den besten Einstieg oder die beste Präsentation zu bieten, erhöhst Du damit zwar Deine Schlagkraft, verringerst aber Deine Schlagzahl. Denn in der gleichen Zeit hättest Du mit weniger Vorbereitung mit mehr Kunden sprechen können. Die Chance, dass der eine Kunde, auf den Du Dich bestens vorbereitet hast, ein Geschäft mit Dir abschließt, ist groß – wenn er es aber nicht tut, hast Du Deine gesamte Zeit verschenkt. Ein Vorteil der höheren Schlagzahl ist dadurch auch die Risikominimierung: Wenn Du einen Großkunden verlierst, der den Hauptteil Deines Gewinns ausmachte, tut Dir das mehr weh, als wenn Du einen von vier Kunden verlierst, auf die sich Dein Gewinn gleichmäßig verteilte. Lieber habe ich fünf Kunden mit zwanzig Prozent Gewinn als einen Kunden mit hundert Prozent Gewinn. Das bedeutet nicht, dass Du Dich nicht ordentlich vorbereiten sollst. Wie oben angesprochen solltest Du Dein Bestes tun, um auf jeden Kunden persönlich eingehen zu können und Zeit in Deine Recherchen investieren. Was ich hier anspreche ist, dass Du Vorbereitungszeit und Erfolg miteinander abwägst.

So kommst Du zum Abschluss

Angenommen Du sitzt mit einem Kunden zusammen. Ihr habt alles Notwendige besprochen, Du weißt, dass noch zwei weitere Verkäufer einen Termin mit dem Kunden haben, aber dann fragt er: Wie würde es denn danach weitergehen? – Das ist ein klares Signal dafür, dass er sich ein Geschäft mit Dir vorstellen kann. Frag den Kunden, welche Dinge ihm abschließend noch wichtig sind.

Was braucht es in jedem Fall und was wäre eine nette Zugabe? Auf diese Weise fühlt sich der Kunde komplett wahrgenommen und gibt Dir im Anschluss in der Regel eine Bestätigung des Kaufsignals. Je mehr der Kunde mit Dir die restlichen noch notwendigen Kleinigkeiten bespricht, desto wahrscheinlicher wird der Abschluss. Stell währenddessen noch einmal sicher: Verstehe ich Sie richtig, dass Sie das gerne so mit uns durchführen möchten? Schaffe Verbindlichkeit.

Das bedeutet nicht, dass Du den Kunden in die Ecke drängst und zum Kaufen verleitest. Es bedeutet lediglich, dass Du seine subtilen Signale zu deuten weißt. Der Kunde ist bereit für den Kauf. Den meisten Kunden fällt es lediglich schwer, klare und endgültige Aussagen zu treffen und werden folglich im Entscheidungsprozess unsicher. Durch Deine Fragen machst Du es dem Kunden leichter, sich auf den Deal einzulassen. Das ist auch ein Grund, warum Du immer wieder fragst, ob dem Kunden der weitere Verlauf so recht und vor allem klar ist. Hake nach: Dann ist alles so, wie Sie es sich wünschen, richtig? Erläutere dem Kunden anschließend alle verbleibenden vertraglichen Details und versichere Dich ruhig noch einmal: Ist das so in Ordnung für Sie? Sobald der Kunde wie oben echtes Interesse deutlich macht, ist das für Dich ein Signal, eine Stufe höher zu schalten und den nächsten Schritt zu erläutern. Mit der Zeit entwickelst Du ein Gespür dafür, wann ein Kunde Interesse äußert, auch ohne dass er die magischen Worte des Kaufsignals ausspricht, und wann er vielleicht nur höflichen Smalltalk betreibt.

Deine regelmäßigen Nachfragen stellen sicher, dass Du dem Käufer stets seinen freien Willen lässt und ihn nicht überrumpelst. Mit einem Kaufsignal spielt Dir der Kunde den Ball zu – Du musst ihn dann nur noch ins Tor bringen. Das bedeutet, dass Du für manche Kunden Verantwortung übernehmen und sie in ihrer Entscheidung bestärken musst. Erleichtere ihnen die Entscheidung, dann kommst DU schneller zum Abschluss.

Warum Du ein gutes Netzwerk brauchst

Meine Kunden sind meist gern bereit, meine Provision von drei Prozent zu bezahlen, während andere Makler nur zwei Prozent verlangen. Sie wissen, dass ich mehr leiste als andere. Noch leichter fällt es mir allerdings, meine Provision zu rechtfertigen, wenn mir mein guter Ruf vorauseilt. Dieser gute Ruf baut auf Empfehlungen auf, die ich durch mein Netzwerk erhalten habe. Ich stelle immer wieder fest, dass Kunden, denen ich empfohlen wurde, nicht über Provisionshöhen oder Preise diskutieren, sondern von vornherein für meine Angebote offen sind.

Dein Netzwerk ist die beste Einwandbehandlung

Das macht mein Netzwerk zur besten Einwandbehandlung. Denn wenn ein Kunde auf Empfehlung an Dich herantritt, hat er von Anfang an weniger Einwände und mehr Vertrauen in Dich und Deine Aussagen. Er hinterfragt Dein Angebot nicht erst und Du musst weniger Überzeugungsarbeit leisten. Nach einer Empfehlung vertrauen die Menschen, mit denen Du zu tun hast, darauf, dass Du einen ehrlichen und guten Job machst – einfach nur, weil sie Dich kennen oder jemanden, der

Dich kennt. Kein anderes Marketingtool ist derart schlagkräftig wie die Mundpropaganda. Gemäß der Nielsen 2021 Trust in Advertising Study vertrauen 88 Prozent der Befragten den Empfehlungen von Menschen aus ihrem Bekanntenkreis mehr als anderer Werbung.[2] Empfehlungen bauen automatisch eine Brücke des Vertrauens zwischen Dir und dem potenziellen Kunden.

Netzwerk ist nicht gleich Netzwerk

Was aber musst Du für ein nützliches Netzwerk tun? Um Dir systematisch ein Netzwerk aufzubauen, solltest Du zuerst zwischen den unterschiedlichen Arten von Netzwerken unterscheiden. Sicherlich denkst Du jetzt als Erstes an ein soziales Netzwerk. Dieses Netzwerk besteht aus dem Bekanntenkreis an Menschen, mit denen Du während Deines Lebens zu tun hattest und hast. Es reicht von Familienangehörigen über ehemalige Klassenkameraden bis zu Freunden von Freunden. Dieses Netzwerk kann zwar nützlich sein, hat aber je nach Branche zum größten Teil nichts mit Deinem Beruf zu tun. Wenn ich von Kontakten meines sozialen Netzwerks Aufträge erhalte, sind diese mehr oder weniger Selbstläufer. Stell Dir vor, Du stehst im Fußball in unmittelbarer Nähe vorm

[2] https://www.nielsen.com/insights/2021/beyond-martech-building-trust-with-consumers-and-engaging-where-sentiment-is-high/

Tor ohne Torwart. Deine Trefferchancen sind überragend. Ein Auftrag durch einen Bekannten Deines sozialen Netzwerks ist genau ein solcher Treffer aus nächster Nähe. Da muss schon einiges schief gehen, damit Du nicht zu einem erfolgreichen Abschluss gelangst. Den professionellen Vorsprung verschafft Dir allerdings eher ein berufliches Netzwerk. Dieses stellst Du Dir gemäß Deiner Branche und Deines Produkts zusammen. Hier geht es darum, Deine Zielgruppe zu kennen sowie deren Zielgruppenbesitzer. Um Deine perfekte Zielgruppe zu finden, überlege Dir, wer am ehesten als Dein Kunde in Frage kommt. Welche Altersgruppe oder welche gesellschaftliche Schicht tritt am ehesten mit Dir in Kontakt?

Welchen Hobbys geht Dein optimaler Kunde nach oder wo hält er sich am liebsten auf? Zielgruppenbesitzer hingegen sind Menschen, die mit der Zielgruppe zu tun haben und sich mit ihnen auskennen. In meinem Fall kann das zum Beispiel eine Hausverwaltung sein: Wenn der Besitzer einer Eigentumswohnung, die von einer Hausverwaltung geführt wird, die Wohnung verkaufen will, tritt die Hausverwaltung an mich als Makler heran und vermittelt uns den Kontakt zum Besitzer. Um ein solches Netzwerk aufzubauen, kannst Du Dich an all jenen Orten aufhalten, an denen sich auch Deine Zielgruppe und die Zielgruppenbesitzer treffen. Suche Dir Bars, Messen, Sportereignisse oder jegliche andere Möglichkeit heraus, um mit Deiner Zielgruppe in Kontakt zu kommen. Bau Gespräche auf, finde Gemeinsamkeiten, sei interessant und hab Deinen Elevator-Pitch, also die Kurzdarstellung Deines Angebots, parat. Oder nimm den Hörer in die Hand und wirf Dich ins Gespräch mit potenziellen Kunden. Wer nicht fragt, bekommt auch nicht. Der persönliche Kontakt, ein Gespräch oder ein gemeinsames Essen zählen beim Netzwerken mehr als alle Werbung der Welt. Ein Konkurrent kann noch so viele Instagram-Ads schalten – wenn ich einen Kunden persönlich kenne und wir uns gut verstehen oder wenn ich von jemandem empfohlen wurde, den der Kunde persönlich kennt, wird er mir den Vorzug vor der Konkurrenz geben. Das ist die Stärke der Mundpropaganda.

Wer gibt, der bekommt

Egal, um welche Art von Netzwerk es sich handelt oder wie Du mit jemandem in Kontakt kamst, Du wirst stets mehr bekommen, wenn Du von Dir aus gibst. Davon lebt ein Netzwerk: Geben und Nehmen. Die besten Kontakte erhältst Du, wenn Du im Gegenzug zuerst etwas anbietest. Ich kann zum Beispiel mit einer Hausverwaltung sprechen und ihr Kontakte zu Eigentümern zuspielen, die auf der Suche nach Hausverwaltungsdiensten sind. Als Gegenleistung empfiehlt die Hausverwaltung mein Unternehmen all jenen, die unter ihrer Leitung verkaufen wollen. Wer gibt, der bekommt.

Netzwerk und Marketing

Dein Marketing sollte dabei mit Deinem Netzwerk Hand in Hand gehen. Das bedeutet nicht, alle Deine Bekannten konstant mit Deinen Unternehmensinhalten zu belästigen. Sondern es kann zum Beispiel umfassen, aktuelle Angebote an die zu schicken, die ehrlich an ihnen interessiert sein dürften. Dadurch rufst Du Mitgliedern Deines Netzwerks nicht nur Deinen Namen regelmäßig in Erinnerung, Du untermauerst auch Dein professionelles Auftreten und Deine Bedeutung am Markt. Jemand, der Dich schon einmal empfohlen bekommen hat, springt deutlich schneller auf Deine Werbung an und jemand, der schon einmal Deine Werbung gesehen hat, vertraut der Empfehlung noch wahrscheinlicher.

Diese Verschränkung von Marketing und Netzwerk steigert Deine Berührungspunkte mit potenziellen Kunden – Deine Touchpoints. Je mehr Touchpoints Du generierst, desto besser. Touchpoints sind jegliche Momente, in denen ein potenzieller Kunde mit Dir oder Deinen Leistungen in Kontakt kommt. Je mehr Menschen über Dich reden und Dich empfehlen, desto mehr Touchpoints verteilen sie in ihrem Umfeld. Dadurch wirkt Dein Netzwerk automatisch wie kostenloses Marketing. Jeder Top-Verkäufer besitzt ein großes Netzwerk und pflegt die Nähe zum Kunden.

Die Königsdisziplin des Top-Verkäufers ist das Netzwerk in Verbindung mit der eigenen Sichtbarkeit zu nutzen. Weiter unten gehe ich deshalb noch genauer auf das Thema Marketing ein und zeige Dir, wie Du Dich selbst und Dein Produkt bekannter machst.

“Das eine ist es, etwas zu wissen. Das andere ist es, dies auch zu tun”

7 Die unterschiedlichen Perspektiven beim Verkauf verstehen

Dein Gegenüber verstehen und verstanden werden

Versetzen wir uns nun einmal in die verschiedenen Perspektiven aller Parteien beim Verkauf. Je besser Du Dich in die Beteiligten hineinversetzen kannst, desto eher erkennst Du ihre Bedürfnisse und ihre Ziele. Zum Beispiel muss der Schraubenverkäufer die Interessen des Handwerkers im Blick haben, dem er die Schrauben verkauft. Der will ein gutes Produkt, aber wahrscheinlich nicht zu viel dafür bezahlen. Aber auch die Interessen der Kunden des Handwerkers sind zu berücksichtigen, die jenem das Produkt mit den verarbeiteten Schrauben abkaufen. Schließlich wollen sie Schrauben hoher Qualität und Belastbarkeit. Parallel sollte der Schraubenverkäufer ebenfalls die Interessen des Herstellers im Auge behalten, der eventuell nur zu bestimmten Abnahmemengen oder Bedingungen verkaufen möchte.

Ebenso beim Website-Design: Der Webdesigner handelt im Interesse seines direkten Kunden, der eine Website haben möchte, die gut aussieht, funktional ist und nicht zu viel kostet. Er muss aber auch im Blick haben, was dessen Kunden, die die Website besuchen, sehen möchten. Die angebotenen Informationen müssen sich am Besucher orientieren. Wenn der Webdesigner für ein Unternehmen arbeitet, muss er auch die Interessen des eigenen Chefs im Blick behalten und zum Beispiel nicht zu lange für ein Projekt brauchen oder zu viele Ressourcen beanspruchen.

Je nach Produkt variiert die Zahl der Beteiligten, deren Interessen beim Verkauf eine Rolle spielen. Der Vertrieb von Schulbüchern ist zum Beispiel ein vielschichtiger Prozess mit vielen verschiedenen Perspektiven – Lehrer, Kinder, Eltern, Schule, öffentliche Hand und so weiter. Es liegt an Dir, die verschiedenen Interessen zusammenzubringen. Falls Dir Interessen oder Perspektiven unklar sind, musst Du die richtigen Fragen stellen können, um sie herauszufinden. Manchmal musst

Du auch erst in Erfahrung bringen, wer überhaupt als Beteiligter gilt, damit Du jeden einbeziehen kannst. Achte darauf stets die wirklichen Entscheider beim Deal am Tisch zu haben, sämtliche Interessen*vertreter* führen Dich nicht zum Abschluss. Für den Verkauf von Immobilien ist zum Beispiel entscheidend, wer im Grundbuch steht.

Deine eigenen Interessen und Ansichten stellst Du dabei größtenteils zurück. Beim Verkauf geht es ausschließlich um den Kunden und seine Wünsche, nicht darum, wie Du den Deal gerne hättest. Nichtsdestotrotz reicht es nicht aus, wenn nur Du Dein Gegenüber verstehst – auch er muss Dich verstehen. Gehe auf Nummer sicher, sodass er Deine Argumentation und die Gründe für Dein Handeln nachvollziehen kann.

Kommuniziere im Laufe der Verhandlungen transparent, was vor sich geht, um Missverständnisse von vornherein zu vermeiden. Dein Gegenüber muss verstehen, warum Du was sagst, wie der Preis entstanden ist, auf welchen Fakten welche Zahlen basieren. So holst Du ihn ab und ins Boot, sodass der Deal ein gemeinsames Projekt wird. Am Ende müssen alle Perspektiven ein gemeinsames stimmiges Bild abgeben, um wie Puzzleteile ineinanderzugreifen. Es ist Deine Aufgabe, Dich in die verschiedenen Perspektiven einzufühlen und das Puzzle zusammenzusetzen.

Die drei Parteien im Verkaufsprozess: Verkäufer, Käufer, Makler

In den meisten Fällen trittst Du sicherlich als Verkäufer auf – ob als Selbstständiger oder im Namen eines Unternehmens. In manchen Branchen bedarf es aber auch eines Maklers, also Vermittlers zwischen Kauf- und Verkaufspartei. Diese Vermittlerposition erfordert zusätzliche Aufmerksamkeit und Verantwortung, ermöglicht aber einige gestalterische Freiräume. Denn Du musst Dich in zwei statt nur in eine andere Perspektive hineindenken können. Deine Aufgabe besteht nicht nur darin, im Namen eines Verkäufers einen Käufer zu finden oder umgekehrt, sondern den Deal auf den Weg und zum Abschluss zu bringen. Das führt uns zu drei klassischen Parteien, die für einen Geschäftsabschluss relevant sind: Verkäufer, Käufer und Makler. Jede am Verkaufsprozess beteiligte Partei besitzt dabei ihre eigenen Beweggründe und ein rundum erfolgreicher Abschluss kommt nur zustande, wenn sie sich ihrer Motivationen bewusst sind. Gegebenenfalls liegt es an Dir als Makler, die jeweiligen Motive von Käufer und Verkäufer herauszufinden, um den Deal möglich zu machen. Jeder Beteiligte sollte Verständnis für die anderen und ihre Lage aufbringen. Alle Parteien stehen unter einem bestimmten Druck und wenn jeder die Interessen der anderen berücksichtigt, entsteht ein Deal, von dem alle profitieren.

Alles beginnt mit dem Warum

Sowohl beim Kauf ...

Egal ob Du Verkäufer oder Käufer bist: Das Herz eines Geschäfts liegt immer im Warum. Was bewegt jemanden dazu, etwas zu kaufen oder zu verkaufen? Wünsche, Träume, Neugierde, Lust, Schmerz, Druck oder Not – es gibt viele Beweggründe dafür, dass ein Objekt oder Produkt den Eigentümer wechselt.

Jemand, der sich eine luxuriöse Kreuzfahrt kauft, verspürt den Wunsch, sich etwas zu gönnen. Jemand, der die Yoga-Reise nach Indien bucht, erfüllt sich einen Traum oder verspürt das Bedürfnis, das eigene Leben in neue Bahnen zu lenken. Jemand, der eine Eigentumswohnung mit vier Zimmern ersteht, möchte sein Geld in eine Kapitalanlage investieren oder einen langfristigen Platz für seine Familie finden.

Nicht immer sind die Beweggründe für Käufe und Verkäufe offensichtlich. Selbst jemand, der ein Krankenbett kauft, tut dies vielleicht aus dem Schmerz heraus, die eigene Großmutter pflegen zu müssen, oder aus dem Wunsch heraus, die eigene Pflegestation zu verbessern. Ein Auto kann aus der Not, von A nach B gelangen zu müssen, gekauft werden, oder als Luxusobjekt für das Ansehen bei den Nachbarn. Oft genug liegt auch eine Mischung aus unterschiedlichen Motivationen vor. Ich habe mir zum Beispiel ein Haus in Kroatien gekauft. Zum einen war ein Zuhause am Meer schon immer mein Traum, zum anderen vermieten wir das Objekt und nutzen es als Nebeneinkommen.

Der Käufer möchte mit Sicherheit wissen, dass er das Produkt möglichst zeitnah bekommt und alles mit rechten Dingen abläuft. Insbesondere wenn es um große Summen geht, ist das Sicherheitsbedürfnis des Käufers hoch. Eine Immobilie zu kaufen ist zum Beispiel für viele Menschen die größte Investition ihres Lebens. Für den Käufer muss nicht nur das Preis-Leistungs-Verhältnis stimmen und der Preis in sein Budget passen, sondern auch die Rahmenbedingungen des Deals.

Wenn Du zum Januar eine Eigentumswohnung suchst, weil Du bis dahin aus der alten Wohnung ausgezogen sein musst, hilft Dir ein noch so gutes Angebot einer Eigentumswohnung nichts, in die Du erst im Juli einziehen kannst. Insbesondere bei großen Summen und je nach Lebensumständen überlegen Käufer lieber zweimal. Wenn zum Beispiel jemand ein gebrauchtes Auto für 10.000 Euro kauft, ist das zwar auch viel Geld, aber ein Auto ist schneller wieder weiterverkauft als beispielsweise eine Immobilie. Außerdem hängen keine weiteren Umstände daran. Wer einmal mit Sack und Pack umgezogen ist, möchte nicht nach vier Wochen direkt wieder die Koffer packen. Überlege Dir, welche Motive Dein Produkt abdeckt und welche Wünsche es erfüllt.

Was treibt Käufer an, genau dieses Produkt zu wollen? Welche Schmerzpunkte könnten vorliegen oder welcher Druck? Das hilft Dir, nicht nur den Käufer bei einem Deal besser zu verstehen, sondern auch neue Ansätze für Marketing, Kundenansprache und Netzwerkbildung zu finden.

… als auch beim Verkauf

Ähnlich sieht es beim Verkauf von etwas aus. Wenn Du als Makler auftrittst, ist die Motivation des Verkäufers ein wichtiger Faktor für Dein weiteres Vorgehen. Jemand strebt vielleicht nach Gewinn oder kann sich den Unterhalt seines Sportwagens, seines Hauses oder Ferienwohnung nicht mehr leisten. Oder das Produkt bedient die Bedürfnisse des Verkäufers nicht mehr ausreichend. Nehmen wir an, jemand verkauft eine Yacht: Er kann damit genauso beabsichtigen, sich von dem Erlös eine größere Yacht zu kaufen wie er sie abstoßen möchten, weil Instandhaltungskosten und Hafengebühren zu hoch sind. Vielleicht steigt er aber auch von einer Motoryacht auf Segelboot um. Oder er verbindet die Yacht mit einer verstorbenen Liebe, nach der das Schiff benannt ist, und will es deshalb verkaufen. Im Moment arbeite ich mit einer Kundin, die sich von ihrem Mann getrennt hat und nun dem Druck unterliegt, das große Haus zu verkaufen und in eine kleinere Immobilie zu ziehen. Zusätzlicher Druck entsteht bei ihr dadurch, dass ihr Ex-Mann nebenan wohnt und sie sich mit ihm nicht mehr versteht. Für sie ist daher der zeitliche Rahmen des Verkaufs wichtiger als der finanzielle. Oft genug stehen Verkäufer unter einem ähnlichen Druck wie Käufer und handeln aus einem bestimmten Bedürfnis oder der Not heraus und nicht nur aus dem Wunsch nach Geld. Die Gründe und Motivationen für einen Verkauf sind so mannigfaltig wie für einen Kauf. Der Erbe eines Hauses will es womöglich nicht selbst nutzen und verkauft deswegen. Genauso jemand, dessen Lebensumstände oder dessen Bedürfnisse sich gewandelt haben. Auch die mangelnde Anschlussfinanzierung kann ein Grund für den Verkauf sein, wenn sich das Zinsniveau wie in den letzten Jahren derart zu Lasten des Zahlenden gewandelt hat, dass er sich die Raten für ein Objekt nicht mehr leisten kann.

Die Rolle des Maklers

Die verschiedenen Motivationen von Käufer und Verkäufer sollten für jeden guten Makler der Grundstein sein, auf dem er das Geschäft aufbaut. Er darf keinen von beiden bevorzugen oder benachteiligen. Ein guter Makler sieht die Nöte von Käufer und Verkäufer und reagiert entsprechend. Er lässt ihnen die Zeit, die sie für ihre Entscheidungen brauchen oder empfiehlt, wenn gewünscht, auch weitere Experten, um unsichere Sachverhalte zu klären oder um Kostenvoranschläge für weitere Arbeiten einzuholen. Das gibt Deinen Kunden einen enormen Mehrwert und ein Gefühl der Sicherheit.

Und auch Du als Makler wirst Dich am Ende des Tages besser fühlen, weil Du weißt, dass Du ordentliche Arbeit geleistet hast und niemand durch Dich zu Schaden kam. Das ist der Vorteil am Maklerdasein: Du handelst nicht im Sinne eines bestimmten Verkäufers, sondern vermittelst lediglich zwischen Käufern und Verkäufern, immer mit dem Ziel, die bestmögliche Kombination zu finden. Du findest für den Käufer das perfekte Objekt, mit dem er rundum glücklich ist, und für den Verkäufer den perfekten Käufer, je nach dessen Wünschen. Viele Menschen besitzen ein falsches Bild von Maklern, die sie als gierige Haie betrachten. Leider gibt es auch immer wieder Makler, die genauso agieren und das falsche Bild bestätigen. Gute Makler aber stellen sich selbst hinten an und dienen zuerst ihren Kunden. Naturgemäß wirft der Verkäufer ein kritisches Auge auf die Handlungen des Maklers und überwacht dessen Tun. Der Makler muss ihm einen Mehrwert bieten, der die Kosten des Maklers rechtfertigt. Dazu gehören auch das optimale Marketing des Produkts und die persönliche Erreichbarkeit. Viele Verkäufe beinhalten eine große Portion Emotionen und das Verkaufsobjekt besitzt einen ideellen Wert für den Verkäufer. In dem Fall muss der Käufer zeigen, dass er sich gut um das Objekt kümmern wird und es wertschätzt. Hier ist sowohl von Seiten des Maklers als auch von Seiten des Käufers Fingerspitzen- und Feingefühl gefragt.

Vor allem in der Immobilienbranche kommt es oft vor, dass Verkäufer etwas mit ihren Objekten verbinden – sie waren für einige Zeit ihr persönlicher Lebensraum, die Familie wuchs dort auf oder der Verkäufer hat das Haus selbst gebaut. Normalerweise bevorzuge ich deshalb Hausbesichtigungen ohne die Anwesenheit des Verkäufers. Dadurch vermeide ich, dass Kaufinteressenten aus Versehen unerwünschte Kommentare abgeben. Ein „Wer hängt sich denn so ein Bild ins Schlafzimmer?“ wäre äußerst unpassend, wenn das Bild vielleicht von der verstorbenen Frau des Eigentümers gemalt wurde. Wenn ich als Makler weiß, dass ein Verkäufer sehr an bestimmten Details seines Objektes hängt, dann teile ich das auch dem Käufer im Vertrauen mit. Dadurch vermeide ich, dass der Käufer eventuell in Fettnäpfchen tritt und versetze ihn stattdessen in die Lage, Pluspunkte beim Verkäufer zu sammeln. Auf diese Weise sammle ich tatsächliche und potenzielle Stolpersteine aus dem Weg und sorge als Makler für einen reibungslosen Ablauf des Geschäftes.

“Sei fleißiger und anders als andere”

8

Vertrieb ohne Marketing geht nicht

Du musst am Markt sichtbar werden

Für jedes Unternehmen ist es wichtig, am Markt sichtbar zu sein – wenn niemand von Dir weiß, wird auch niemand bei Dir kaufen. Das gilt für jeden, insbesondere aber für Unternehmen, die hochpreisige Produkte verkaufen wollen. Für sie ist es unumgänglich, sich mittels Marketing in den Köpfen der Menschen zu verankern, und zwar bereits lange vor dem eigentlichen Verkaufsgeschäft. Denn hochpreisige Anschaffungen fallen normalerweise nicht jeden Tag an. Wenn dann die

Zeit gekommen ist und jemand ein solches Produkt benötigt, ist ihm bestenfalls der Verkäufer bereits bekannt und er kann direkt mit ihm in Kontakt treten. Wo anfangen? Suche Dir Portale, die für Dein Produkt sinnvoll sind, und inseriere Dein Angebot. Je mehr Portale Du findest, desto mehr Reichweite erhältst Du und desto mehr potenzielle Kaufinteressenten erreichst Du.

Du benötigst so viele Leadmagneten wie möglich. Damit meine ich Aktionen, die Dir sogenannte Leads verschaffen, also Kontakte zu potenziellen Kunden. Leadmagneten sind zum Beispiel Social-Media-Beiträge, Zeitungsanzeigen, die eigene Website, ein Buch, das Du veröffentlicht hast, oder ein Interview von Dir auf einem YouTube-Kanal. Die Brimo hat eine komplette Straßenbahnlinie in Augsburg mit ihrer Werbung ausgestattet. Die tuckert jetzt jeden Tag durch die Stadt – unübersehbar. Eine einfache und effektive Art, den Bekanntheitsgrad der Firma enorm zu steigern.

Auch unsere Kampagne „Wir revolutionieren den Immobilienmarkt“ ist ein hervorragender Leadmagnet. Welche Medien oder Maßnahmen Du dafür nutzt, kommt zum Teil auf das von Dir beworbene Produkt an, es ist aber ratsam, unabhängig vom Produkt, so viele verschiedene Kanäle wie möglich zu bespielen. Selbst jemand, der Wasserleitungen verkauft, kann sich einen TikTok-Kanal aufbauen und darüber Kunden akquirieren. Egal, ob Werbung über den örtlichen

Pizzadienst, Productplacement im Kinofilm, Plakate in der Innenstadt oder ein Print auf der Straßenbahn – Der Fantasie sind beim Marketing keine Grenzen gesetzt. Wenn Du zum Beispiel ein Yoga-Retreat verkaufen möchtest, könntest Du eine kostenlose Schnupperyogastunde anbieten und auf diese Weise potenzielle Kunden erreichen.

Oder Du wendest Dich an einen Lieferservice, übernimmst einen gewissen Betrag pro Gericht und lässt dafür dem Kunden Deine Broschüre mitliefern. In der steht dann, dass dank Dir das Essen ein bisschen günstiger ist und er außerdem Lesestoff während der Mahlzeit hat. Guten Appetit! Ich schalte außerdem Anzeigen in sozialen Netzwerken ebenso wie in der Zeitung oder deren Beilagen. Daneben verteilen wir Flyer in der näheren Umgebung eines Objekts, das wir verkaufen wollen, und stellen Verkaufsschilder vor Objekten auf, die wir verkaufen.

Mit unserem Unternehmen sponsorn aber auch lokale Amateurvereine, unter anderem den TSV Dinkelschwerben, meinen Heimatverein und bauen hierdurch eine weitere Brücke zwischen uns und den Interessenten. So erreicht unser Marketing auch Menschen, die aktuell noch kein Bedürfnis haben, eine Immobilie zu kaufen oder zu verkaufen. Sobald sie aber an dem Punkt sind, denken sie an uns. Um das zu erreichen, benötigst Du effektives Marketing. Dein gesamtes Marketing zielt darauf ab, Dich und Deine Services sichtbarer und dadurch bekannter zu machen. Je mehr Leute Dich kennen, desto besser. Überleg einmal, wie viele Chancen für Verkäufe Du verpasst, nur weil Menschen nichts von Deinem Angebot wissen. Wann immer jemand aus Deinem Umfeld oder Deiner Zielgruppe an Deine Produkte denkt, sollte ihnen direkt Dein Name in den Sinn kommen. Bestenfalls denken sie selbst dann an Dich, wenn es andere in Deiner Umgebung gibt, die das Gleiche wie Du anbieten.

Wenn ich „Handy“ sage, denken wahrscheinlich 80 Prozent der westlichen Bevölkerung an ein iPhone und der Rest an ein Samsung-Gerät. Bei dem Schlagwort „Fast Food“ tauchen bei den meisten Bilder von McDonalds oder Burger King im Kopf auf. Warum? Weil sich diese Firmen derart stark am Markt platziert haben, dass sie konstant im Gedächtnis der Menschen angesiedelt sind. An ihnen führt kein Weg vorbei und so sollte das auch bei Dir sein.

Den Ideen fürs Marketing sind praktisch keine Grenzen gesetzt. Von Bauzaunbannern, Bierdeckelwerbung in örtlichen Kneipen, Postern in Kinos, Kugelschreibern mit Logo oder gezielte Instagram Ads ist alles möglich. Der Erfolg hängt von Deiner Zielgruppe und deren Interessen ab. Sei kreativ, um sie abzuholen und auf Dich aufmerksam zu machen! Einer unserer Kollegen veröffentlichte zum Beispiel ein Video auf TikTok, in dem er sich im sinkenden Bötchen zeigte und den sich wandelnden Immobilienmarkt auf die Schippe nahm.

Er erzielte über eine Millionen Klicks und blieb mit seiner witzigen Darstellung im Gedächtnis der Leute hängen. Lass Dir etwas Neues einfallen, das die Blicke auf sich zieht und Dich im besten Licht erscheinen lässt. Nur wenn Du sichtbar wirst, werden Dich die richtigen Personen finden und mit Dir in Kontakt treten.

Vertrauen durch Sichtbarkeit

Sichtbarkeit und Reichweite können auf verschiedenen Wegen entstehen. Am längsten wirken aber emotionale Botschaften nach. Emotionen zeugen von Menschlichkeit, anstatt von rationalem Kalkül. Deswegen erleichtert es Dir, potenzielle Kunden anzusprechen, wenn Du Dich menschlich greifbar machst. Das kann bedeuten vor Ort in Deiner Heimatstadt präsent zu sein oder viel auf Social Media Deine persönliche Seite zu zeigen. Charity-Veranstaltungen wie Spendenläufe auf der lokalen Sportanlage oder die Zusammenarbeit mit einem lokalen Verein bieten sich hervorragend für lokales Marketing an.

So nehmen jegliche Personen, die an dem Event teilnehmen, die Veranstaltung selbst bereits als Empfehlung wahr. Warum würde der Veranstalter sonst mit Dir als Sponsor zusammenarbeiten? Insbesondere gemeinnützige Organisationen sind in der Auswahl ihrer Sponsoren kritisch, denn jegliches schlechtes Image eines Sponsors kann sich auf die öffentliche Meinung über die eigene Organisation auswirken. Eine solche Zusammenarbeit zeigt also, dass mit Dir ohne schlechtes Gewissen Geschäfte gemacht werden können. Das baut automatisch eine Basis des Vertrauens zu Dir auf. Als mein Unternehmen 500 Euro an den Kinderschutzbund spendete, würdigte die Organisation unseren Beitrag mit einem kleinen Artikel auf Social Media und in der Zeitung. Dadurch konnten wir zwei Fliegen mit einer Klappe schlagen: einerseits mit unserer Spende Gutes stiften und andererseits warb der Beitrag wiederum für uns, ohne dass wir etwas dafür tun mussten. Als potenzielle Kunden nach Immobilienmaklern suchten, assoziierten sie unseren Namen mit der Spendenaktion. Dadurch hatten wir bereits einen Fuß in der Tür.

Natürlich passiert so etwas nicht von heute auf morgen. Vertrauen aufzubauen, ist ein Prozess. Daher darfst Du Dich auch nicht davon abbringen lassen, wenn Dein Marketing nicht sofort Wirkung zu zeigen scheint. Auf lange Sicht bringt Dir Vertrauen mehr Erfolg ein als kurzfristige Dumping-Preise. Es geht potenziellen Kunden um die Sicherheit, dass Du nach einem abgeschlossenen Vertrag nicht plötzlich vom Erdboden verschwunden bist und nicht mehr haftbar gemacht werden kannst, sondern dass Du erreichbar bist und zu Deinem Wort stehst.

Grundsätzlich gilt, je bekannter Du bist, desto eher nehmen Dich Menschen als potenziellen Ansprechpartner wahr. Dann bist Du kein anonymer Verkäufer oder Unternehmer auf Seite zehn der Google-Suche, sondern Du bist ein Gesicht, das potenzielle Kunden schon öfter gesehen haben und wiedererkennen. Du wirkst vertraut. Und dadurch sympathisch und nahbar. Wenn Dich die Leute kennen oder zumindest jemanden kennen, der Dich kennt, sind sie eher bereit, mit Dir Geschäfte zu machen, als mit jemandem, mit dem sie nichts verbindet. Das ist auch der Grund, warum Dein Marketing „menscheln“ sollte. Es gibt bereits zu viele anonyme Verkäufer, die völlig kalt und gesichtslos daherkommen und schlimmstenfalls nur über das Internet erreichbar sind, weil sie eigentlich irgendwo im Ausland sitzen. Das hat mit Nahbarkeit nichts zu tun. Werde stattdessen im positiven Sinn „persönlich“. Ob als Ansprechpartner vor Ort oder in den sozialen Netzwerken. Hast Du ein Haustier, das Du liebst, binde es ruhig in Deinen Instagram-Feed mit ein. Verfolgst Du ein interessantes Hobby, kannst Du Menschen auch hiervon erzählen. Was immer Dich als Charakter nahbarer macht und es potenziellen Interessenten erlaubt, eine Beziehung zu Dir aufzubauen, hilft Dir in Deinem Marketing.

Das entspricht auch der Unternehmenskultur meiner Firma. Meine Mitarbeiter wissen, dass ich sie als Menschen schätze und nicht nur als Angestellte. Als wir vor einiger Zeit einen Ausflug ins Allgäu machten, durften deshalb auch die Kinder der Mitarbeiter mitkommen. Schließlich sind wir alle Menschen und was zählt, sind Gemeinschaft und Miteinander. Dadurch muss gutes Marketing nicht viel Geld kosten. Wenn Du Dich gut vernetzt, kreative Ideen hast und Dich menschlich greifbar machst, eröffnen sich Dir zahlreiche günstige Möglichkeiten, Deinen Namen und dadurch Dein Produkt bekannter zu machen.

Social Media

Der aktuell gängigste Weg führt sicherlich über die sozialen Medien. Wir verwenden zum Beispiel als Content Immobilienberichte, Fachbeiträge, oder filmen unsere Objekte und stellen kurze Clips online. Manchmal laden wir aber auch einfach etwas Witziges aus unserem Team hoch. Natürlich braucht es einen gewissen Fleiß dafür.

Aktivitäten in den sozialen Medien kosten Dich vielleicht kein Geld, aber dafür jede Menge Zeit. Du musst dazu bereit sein, diese Zeit aufzuwenden, wenn Du Dir online Sichtbarkeit erarbeiten möchtest. Oder Du engagierst einen erfahrenen Social-Media-Manager, der sich für Dich um sämtliche Belange der sozialen Medien kümmert – sowohl die Erstellung von regelmäßigem Content als auch Anzeigenmanagement. Der Vorteil von Anzeigen auf Google oder Social Media: Du siehst, wie viele Personen Du erreicht hast, wie viele davon mit Deiner Anzeige interagiert haben und viele weitere nützliche Statistiken.

Das macht Werbung in den sozialen Medien nicht nur gut kontrollierbar, es erlaubt Dir auch, Deine Zielgruppe genauer anzusteuern und nur die anzusprechen, die für ein Geschäft mit Dir in Frage kommen. Je spezifischer Du weißt, wen Du ansprechen möchtest, desto gezielter kannst Du vorgehen. Es geht nicht nur darum, möglichst viele Follower auf Deinen Profilen zu scharen und eine möglichst große Reichweite zu erzielen. Sondern es geht darum, spezifisch bei genau den Personen sichtbar zu werden, die am wahrscheinlichsten mit Dir ins Geschäft kommen. Dann sind plötzlich 2.000 Follower, die potenzielle Kunden sind, deutlich wertvoller für Dich als 10.000 Follower, die sich nicht wirklich für Dein Angebot interessieren. Selbst wenn Du über die sozialen Medien nicht Deine gesamte Zielgruppe erreichst, kannst Du über Umwege trotzdem mit ihnen in Kontakt kommen.

So zählen zu unserer Zielgruppe auch ältere Menschen, die über keine Profile auf den sozialen Medien verfügen. Dafür erreichen wir darüber aber deren Kinder und Enkelkinder, die uns wiederum ihrer Verwandtschaft weiterempfehlen. Auf diese Weise funktionieren zum Beispiel auch Facebook Funnels: Jemand, der bereits auf Deiner Website war und dadurch mittels seiner Handlung Interesse an Deinen Diensten geäußert hat, kann anschließend durch Facebook-Werbung gezielt angesprochen werden. Wenn zum Beispiel jemand einen Blog-Artikel auf Deiner Seite zum Thema Neubau besucht hat, dann kannst Du ihm anschließend gezielt Werbung zu Neubauten zukommen lassen. Dabei solltest Du in Schritten vorgehen – beim ersten Date macht ja auch niemand einen Heiratsantrag. Biete Deinem potenziellen Kunden einen Mehrwert, wecke sein Interesse, erläutere, was Du leisten kannst, und mache ihm schlussendlich ein auf ihn zugeschnittenes Angebot.

Das macht Facebook Funnels zum Follow-Up der feinsten Art. Bei Funnels für von uns angebotene Immobilien kommt es besonders auf die richtige Zielgruppe an.

Die finden wir über diverse Filter heraus, zum Beispiel Geschlecht, Beziehungsstatus, Wohnort, Alter und so weiter. Jegliche Werbung richtet sich dabei nach dem von Dir hinterlegten Budget. Doch Vorsicht: Auch ich war hier anfangs relativ blauäugig und versah meine Anzeigen, ohne groß zu überlegen mit einem gewissen Budget, ohne zu hinterfragen, wen ich damit eigentlich genau erreiche und zu welchem Zeitpunkt. So verpufft schnell viel Geld mehr oder weniger wirkungslos.

Ein gewisses Grundwissen über erfolgreiches Social Media-Marketing umfasst deshalb eine Reihe von Fähigkeiten und Kenntnissen, darunter:

1. Plattformkenntnisse: Lerne, die verschiedenen Plattformen zu verstehen, die Unterschiede zwischen den Plattformen und welche am besten für Deine Zielgruppe geeignet sind.

2. Strategische Inhalte / Contentplan: Entwickle eine klare Strategie. Leg fest, welche Art von Inhalten wann und wie oft gepostet werden soll. Frage Dich dabei immer, welcher Mehrwert Deinen Kunden damit geliefert werden soll.

3. Analyse der Zielgruppe: Kenne und verstehe die Interessen, Bedürfnisse und Verhaltensweisen Deiner Zielgruppe, um dementsprechende Inhalte zu erstellen und Deine Strategie danach auszurichten.

4. Anzeigenmanagement: Das Verstehen der Grundlagen des Anzeigenmanagements für Social Media-Plattformen beinhaltet unter anderem das Festlegen von Zielen, das Erstellen ansprechender Anzeigen, das Festlegen von Budgets und das Überwachen der Ergebnisse Deiner Anzeigen.

5. Strategie des Interagierens: Plane, wie Du mit Deiner Zielgruppe am besten interagierst, zum Beispiel durch das Beantworten von Kommentaren, das Stellen von Fragen und das Teilen gewisser Inhalte.

6. Analysieren und Auswerten: Lerne, wie Du die Leistung Deiner Marketingaktivitäten auswertest und analysierst. Frag Dich, was Du vorne hineinstecken musst, um hinten einen gewissen Ertrag zu erhalten. Hierzu kannst Du verschiedene Tools nutzen. Die meisten Social Media-Plattformen haben eigene Analysetools, durch die Du Einblicke in den Erfolg Deiner Kampagnen erhältst.

7. Kenne die aktuellen Trends: Halte Dich immer bezüglich der neuesten Entwicklungen und Trends im Bereich Social Media-Marketing auf dem Laufenden und versuche dadurch Deine Strategie kontinuierlich zu optimieren.

8. Recht und Ethik: Jede Plattform hat rechtliche und ethische Richtlinien auf die Du unbedingt achten musst.

Am Ende siehst Du bei digitalen Anzeigen exakt, wie viel Input Du benötigst, um eine bestimmte Anzahl an Leads zu erhalten. Trotzdem lohnt es sich, Dich breit aufzustellen, wenn es um Deine Sichtbarkeit geht. Mein Unternehmen ist breit aufgestellt und nutzt verschiedene Marketingkanäle, um verschiedene Zielgruppen mit unterschiedlichen Botschaften anzusprechen.

Auch Außenwerbung wie unsere Straßenbahn spielt im Marketing eine wichtige Rolle. Dadurch erreichen wir in unserer Region maximale Sichtbarkeit. Je professioneller Du Dein Social Media-Marketing aufbaust, desto größer ist der Effekt, den Du dadurch erzielst. Es lohnt sich also, in Dein Marketing und das dazugehörige Personal zu investieren.

Sichtbarkeit kannst Du Dir kaufen

Sichtbarkeit und die Ressourcen, die Du für den Kauf von Sichtbarkeit aufwendest, bedingen sich gegenseitig: Verkaufst Du mehr Produkte, hast Du mehr Ressourcen und kannst Dir mehr Sichtbarkeit kaufen – wodurch Du mehr Produkte verkaufst und so weiter. Im Endeffekt ist es egal, an welcher Stelle dieses Kreislaufs Du ansetzt: Sobald Du ein paar erfolgreiche Verkäufe abgeschlossen hast, kannst Du in Deine Sichtbarkeit investieren oder Du sparst ein wenig Geld an, um Dir Sichtbarkeit zu kaufen und dadurch mehr Verkäufe zu tätigen.

Damit solltest Du schon beginnen, wenn Du erst am Anfang Deiner Verkäuferkarriere stehst und Dein Name noch nicht so bekannt ist. Das mag Dir kaum möglich vorkommen, da Du an diesem Punkt kaum Rücklagen besitzt, die Du investieren könntest. Doch es muss nicht viel sein – Ich empfehle Dir lediglich, von Anfang an einen Teil Deiner Gewinne in Deine Sichtbarkeit zu investieren, um so kontinuierlich Deine Sichtbarkeit aufzubauen. Dadurch erzielst Du einen Schneeballeffekt. Je mehr Du an Werbebudget hineinsteckst, desto mehr Sichtbarkeit bekommst Du heraus und desto mehr Geschäftsabschlüsse machst Du. Dadurch ist Geld, das Du in Sichtbarkeit investierst, nie hinausgeworfenes Geld. Du bekommst es doppelt und dreifach in erfolgreichen Verkäufen wieder. Genau so ging auch ich am Anfang vor: Ich kaufte mir von meinem ersten verdienten Geld ein paar Zeitungsanzeigen und ließ Flyer designen. Von Anfang an war es mir wichtig, Bannerwerbung zu machen und auf so viele Arten wie möglich sichtbar zu sein. Durch konstante Investitionen in mein Marketing gewann ich mehr Aufträge, wodurch ich mehr Ressourcen besaß, die ich wiederum in meine Sichtbarkeit investieren konnte.

Der nächste Schritt war, einen Marketing-Manager einzustellen, der das Marketing im Blick hatte, damit ich dem Verkaufen widmen konnte. Beachte allerdings, dass Deine Investitionen in Sichtbarkeit sich immer erst mit einer gewissen Zeitverzögerung auszahlen. Ein Metzger, der sein Wochenangebot an Steaks an alle Wochenend-Griller vermarktet, sieht am Ende der Woche, ob er sein Angebot richtig angepriesen hat. Je größer die Preise jedoch werden, desto mehr Geduld musst Du haben, bis sich Deine Sichtbarkeit rentiert.

Bei Immobilien, Maschinen oder Verkehrsanlagen erfolgen die Abschlüsse teilweise Monate oder sogar Jahre später. Geld, das Du heute für Deine Sichtbarkeit ausgibst, ist also eine Investition in Deine Zukunft. Diese Zeitverzögerung kann es schwierig machen, zu sehen, ob Dein Marketing wirklich greift und die richtige Zielgruppe erreicht. Aus diesem Grund kann es sinnvoll sein, zunächst hauptsächlich in digitale Anzeigen zu investieren, da Du eine monatliche Auswertung der

Ergebnisse erhältst. Somit kannst Du zeitnah nachsteuern und die Anzeigen einfacher auf Deine Zwecke und Zielgruppe ausrichten. Gib Deinem Erfolg aber auch ein wenig Zeit, wirklich einzusetzen. Hab Geduld, um zu sehen, ob sich Dein Marketing auszahlt. Außerdem entwickeln sich die Möglichkeiten von Marketing ständig weiter. Nicht nur Du lernst beständig dazu, auch die Technologie ebenso wie die Vorlieben der Menschen wandeln sich. Was heute noch funktioniert, ist morgen vielleicht schon veraltet. Versuche nicht nur Schritt zu halten, sondern über den Tellerrand hinauszublicken, um zu erkennen wie Du Deine Zielgruppe sowohl heute als auch morgen erreichen kannst.

Neue Marketingideen? Kreative Einfälle?

"Verkaufen kann man lernen, man muss aber der Typ dafür sein"

9

Der Verkaufsprozess

Akquise: Anfragen generieren und auf potenzielle Kunden zugehen

Kontaktdaten sind das neue Gold unserer Zeit. Wer Kontaktdaten besitzt, hat einen direkten Verbindungspunkt zu Menschen, mit denen er Geschäfte machen kann. Je besser Dein Marketing, desto mehr Anfragen erhältst Du. Logisch. Allerdings solltest Du bei der Generierung von Anfragen darauf achten, dass Du auch nur solche Personen zur Anfrage animierst, die einen realistischen Kunden darstellen. Wenn Du zum Beispiel auf Instagram veröffentlichst, dass Du Autos per Lotterie verschenkst, generierst Du zwar aller Wahrscheinlichkeit nach eine Unmenge an Anfragen, aber nur die wenigsten davon werden wirkliche Autokäufer sein. Der Blick auf Deine spezifische Zielgruppe ist daher unabdingbar, um erfolgsversprechende Anfragen zu generieren. Alles andere wäre herausgeworfenes Geld. Leute, die an Deiner Schnupperyogastunde teilgenommen haben, werden mit höherer Wahrscheinlichkeit auch Dein Yoga-Retreat buchen als Personen, die noch nicht mit Dir und Deinem Angebot in Kontakt gekommen sind. Sie haben sich die Zeit genommen, sich Deine Services persönlich anzusehen und mit Dir in Kontakt zu treten. Dieses Commitment macht ihr Interesse an Deinem Angebot deutlich. Je nach Produkt solltest Du daher verschiedene Methoden finden, die für Dich zur Generierung von Anfragen am besten funktionieren.

Das kann ein passives Generieren von Anfragen sein, zum Beispiel durch Werbeanzeigen, oder aktiv durch die gezielte Ansprache von potenziellen Kunden. Während meiner Zeit bei Würth fuhr ich zum Beispiel Handwerker direkt an und stellte so den Kontakt her. Für Dich und Dein Produkt könnte aber auch der Kontakt über das Telefon am besten funktionieren. Indem Du verschiedene Methoden der Anfragengenerierung ausprobierst, bietest Du Deinen Kunden automatisch auch unterschiedliche Wege an, Dich zu kontaktieren. Es ist wichtig, dass potenzielle Kunden auf genau dem Kanal mit Dir in Kontakt treten können, den sie bevorzugen.

Manche schreiben vielleicht gerne eine Nachricht auf Instagram, während andere einen Telefonanruf oder eine E-Mail bevorzugen. Am Ende sammelst Du die übermittelten Anfragen und wertest sie aus.

Terminieren

Das Terminieren dreht sich darum, Anfragen richtig anzunehmen, zu filtern und bestmöglich weiterzuverarbeiten. Handelt es sich bei der Anfrage um ein rein generelles Interesse an Deinen Angeboten, kannst Du die gewonnenen Kontaktdaten dafür nutzen, jegliche zukünftigen Produkte bei den Anfragenden zu bewerben.

Hat zum Beispiel jemand an Deiner Schnupperyogastunde teilgenommen und seine Kontaktdaten hinterlassen, kannst Du ein System einrichten, dass ihm im Rahmen Deiner Akquise automatisiert eine E-Mail schickt, in der Du ihn auf Dein bevorstehendes Retreat aufmerksam machst. Oder wenn jemand auf Deine Social Media-Anzeige reagiert hat, kannst Dein System ihm automatisch weitere für ihn relevante Informationen zuschicken.

Ein Newsletter oder eine Mailinglist ist ebenso ein hervorragender Weg, um Personen anzusprechen, die bereits zuvor auf irgendeine Weise mit Dir in Kontakt getreten sind oder ein Interesse an Deinem Produkt geäußert haben. Wenn bei mir in der Firma eine Anfrage ankommt, nehmen wir eine sogenannte Vorqualifizierung vor. Das bedeutet, dass einer meiner Mitarbeiter mit dem Anfragenden in Kontakt tritt und nachhakt, was ihm am Objekt besonders gefallen hat. Dadurch stellen wir fest, ob sich der Anfragenden tatsächlich mit dem Objekt beschäftigt hat oder ob er einfach alles anfragt, ohne sich wirklich mit der Materie auseinanderzusetzen. Anschließend sammeln wir weitere Informationen, zum Beispiel ob und mit wem der Anfragende bereits über die Finanzierung gesprochen hat. Durch seine Antworten qualifiziert sich der Anfragende für unsere Interessentenliste und für einen Besichtigungstermin – oder eben auch nicht. Jemand, der sich ernsthaft Gedanken über den Kauf gemacht hat, eine Vision für das Objekt besitzt und sie sich leisten kann, ist ein optimaler Kunde. Jemand, der hingegen nur aus Neugierde anfragt oder im Gespräch nicht überzeugen kann, fällt bei der Vorauswahl durch. Du solltest bei der Terminierung ein Gefühl für die Ernsthaftigkeit seiner Anfrage und für seine Eignung als Käufer bekommen.

Egal, um welches Produkt es sich handelt, es muss nicht nur zum Käufer passen, der Käufer muss auch zum Produkt passen. Niemand hat gerne mit Energiedieben und Zeitverschwendern zu tun, weder Du als Makler noch Dein verkaufender Kunde. Je besser Deine Vorauswahl an Käufern ist, desto mehr schätzt der Verkäufer Deine Dienste und desto mehr Zeit sparst Du allen Beteiligten. Eine vernünftige Vorauswahl ist auch im Interesse des Käufers, denn wenn ein Objekt nicht für ihn geeignet ist und Du das im Vorfeld feststellst, sparst Du auch ihm Zeit und Mühen oder verhinderst, dass er sich unnötige Hoffnung macht.

Kontaktdaten sind heutzutage von enormer Wichtigkeit und je mehr Kontaktpunkte Du schaffst, desto mehr Anfragen kannst Du generieren.

Follow-Up – Die Macht der Wiederholung

Natürlich gibt es aber auch zahlreiche Fälle, in denen Du Anfragen und Kontakte erhältst, von denen Du in der Folge nichts mehr hörst. Dann bietet sich das sogenannte Follow-Up an. Mit einem Follow-Up rufst Du Dich, Dein Angebot oder Deinen Service einem Interessenten noch einmal ins Gedächtnis. Das kann mittels einer E-Mail, eines Anrufs, oder jeglichen anderen Kontaktkanälen passieren. Viele unterschätzen die Wirkung des Follow-Ups. Wann immer wir mit einem Kunden bereits Kontakt hatten, aber noch kein Deal zustande kam, schicken wir mindestens ein Follow-Up. Je nach Produkt kannst Du ein Follow-Up früher oder später einsetzen.

Wenn wir zum Beispiel eine Besichtigung mit einem potenziellen Käufer durchgeführt haben, schicken wir ihm direkt am nächsten Tag eine E-Mail und fragen nach: Haben Sie sich schon Gedanken gemacht? Wie fanden Sie das Objekt? Möchten Sie direkt ein Angebot abgeben? Haben Sie noch weitere Fragen? Bei einer Retreat-Reise könntest Du auch Interessenten anschreiben, kurz bevor der Frühbucherrabatt endet und sie auf die auslaufende Chance hinweisen. Oder Du kannst den potenziellen Kunden darauf aufmerksam machen, dass ein Angebot bald ausverkauft ist. Mit einem Follow-Up nutzt Du den bereits hergestellten Kontakt zum Interessenten, um mit ihm ins Geschäft zu kommen, wenn das erste Gespräch oder die erste Anfrage ergebnislos geblieben ist. Insbesondere, wenn jemand Interesse bekundet hat, aber im Anschluss nicht mehr von sich hören lässt, ist ein Follow-Up mehr als angebracht. Die Bedeutung des Follow-Ups beim Generieren von Aufträgen kannst Du kaum überschätzen.

Es gibt Unternehmen, die 80 Prozent ihrer Aufträge nach dem fünften bis achten Follow-Up generieren. Insbesondere bei der Kaltakquise kann es sein, dass Du auf die ersten drei Anschreiben gar keine Antwort bekommst. Erst beim vierten Versuch, meldet sich derjenige zurück und äußert eventuell Interesse an einem Deal. Mein Motto: **BHH** – **b**eständige **H**artnäckigkeit **h**ilft. Zu viele Verkäufer und Makler lassen sich vom ersten Nein abspeisen und gehen nicht einmal der Frage nach, warum der Interessent nicht zum Kunden wurde.

Vielleicht liegt ein Missverständnis vor, vielleicht ist ihm nicht klar, dass ein Kaufpreis Verhandlungsbasis ist, oder eventuell war er auch einfach zu beschäftigt mit etwas anderem und konnte sich noch nicht um den Kauf kümmern. Im Immobilienbereich kommt es immer wieder vor, dass ein Eigentümer zunächst lieber ohne Makler verkaufen möchte. Eine Anfrage unsererseits lehnt er also dankend ab. Nach drei oder vier Wochen anstrengender und frustrierender Verkaufsarbeit hat sich seine Einstellung dazu jedoch oft gewandelt –dann trifft unser Follow-Up ins Schwarze. Stell sicher, dass jeder Kontakt, auch das Follow-Up, immer höflich und respektvoll abläuft. Jeder hat das Recht, Nein zu Deinem Angebot zu sagen. Selbst wenn jemand etliche Male nicht auf Deine Kontaktversuche reagiert hat, ist das kein Freifahrtschein dafür, unhöflich oder drängend zu werden. Mein Unternehmen gewinnt immer wieder nur deshalb Kunden, weil wir professioneller und menschlicher sind als unsere Konkurrenz, auch im Follow-Up.

Verkauf

Ist ein Kauf zustande gekommen und abgeschlossen oder der Vertrag unterzeichnet, hast Du Dein Ziel erreicht, oder? Falsch gedacht. Wenn Du jetzt die Zügel schleifen lässt und sich dadurch ein Beteiligter mit dem Kauf nicht mehr wohlfühlt, waren eventuell alle zuvor so sorgsam gemachten Schritte umsonst. Äußert da jemand Zweifel?

Gibt es noch ungeklärte Fragen? Kannst Du noch irgendeinen Extraservice liefern, damit sich alle Beteiligten besser fühlen? Liefere Deinem Kunden auch während und nach dem Vertrag alles, was er braucht und wofür er Dich engagiert hat. Gleichzeitig solltest Du den Kunden aber auch nicht zu sehr belästigen. Wenn er sich für den Kauf entschieden hat und alles geklärt ist, beglückwünsche ihn, bemuttere ihn aber nicht. Sage auf keinen Fall: „Das werden Sie nicht bereuen."

Das Einzige, das jemand aus diesem Satz mitnimmt, ist das Wort „bereuen" und beginnt sich zu fragen: Was gäbe es denn zu bereuen? Warum sagt er das? Stimmt etwas mit dem Produkt nicht? – Plötzlich steht ein sicherer Deal wieder auf wackligen Füßen. Teilweise vergeht zwischen dem Abschluss des Kaufvertrags und dem Erfüllen der Kundenansprüche etwas Zeit, zum Beispiel wenn Du als Makler auftrittst und jemand einen Vertrag mit Dir abschließt. Dann kommt es in der Folge zur Wartezeit, bis Du Deinen Auftrag zufriedenstellend ausführen konntest. Während dieser Zeit lohnt es sich, den Kunden auf dem Laufenden zu halten, zum Beispiel durch wöchentliche Updates. Wenn uns jemand mit dem Verkauf seiner Immobilie beauftragt, schicken wir ihm regelmäßig ein Update, über welche Portale welche Anfragen eingegangen sind, die Anzahl an Besichtigungen und vieles mehr.

Auch beim gebuchten Yoga-Retreat bietet es sich an, Kontakt mit Deinem Kunden zu halten: Schicke regelmäßig Fotos mit einem Vorgeschmack auf die wundervolle Zeit, die Deine Gäste haben werden, Fakten zum Urlaubsland oder andere hilfreiche Informationen. So schaffst Du Vorfreude und verhinderst auch, dass jemand aus Versehen doppelt verplant ist und am Ende die Reise cancelled. Finde etwas, von dem Dein Kunde profitiert und lass es ihm zukommen. Selbst wenn der Kauf direkt abgeschlossen ist, solltest Du weiterhin daran interessiert sein, dem Kunden zu Diensten zu sein. Dadurch geht der Verkauf fließend in die sogenannten Aftersales über.

Aftersales

Im Rahmen der Aftersales hältst Du nach dem Kauf Kontakt mit dem Kunden. Je nach Produkt fallen die Möglichkeiten von Aftersales unterschiedlich aus. Im Kern geht es aber darum, sicherzustellen, dass der Kunde mit Deinem Produkt zufrieden ist. Auf diese Zufriedenheit aufbauend kannst Du dem Kunden weitere Services zur Verfügung zu stellen, deren Bedarf sich erst durch den Kauf ergeben haben oder durch diesen begünstigt wurden. Das macht die Aftersales zu einer guten Gelegenheit für Dich, weitere Verkäufe abzuschließen.

Nehmen wir an, Du verkaufst Luxusreisen: Kommt ein Kunde von einer bei Dir gebuchten Reise wieder, kannst Du Dich am Folgetag bei ihm melden und nachfragen, wie der Urlaub war, ob alles zu seiner Zufriedenheit verlief und so weiter. Und wenn alles gut lief, kannst Du ihn direkt fragen, ob er für nächstes Jahr wieder bei Dir buchen möchte. Das bietet Dir gleichzeitig die Möglichkeit des Upsellings oder des Crosssellings an. Beim Upselling verkaufst Du dem Luxusreisenden für den nächsten Urlaub vielleicht nicht das Vier- sondern schon das Fünf-Sterne-Hotel, steigerst also die Verkaufskategorie. Crossselling beschreibt einen weiteren Verkauf, den Du mit demselben Kunden tätigst, um einen weiteren Bedarf zu befriedigen. Dann bietest Du dem Luxusreisenden zum Beispiel nicht nur den all-inclusive Hotelaufenthalt an, sondern zusätzlich noch den Tagesausflug mit Segeltörn und Schnorcheln. Verkaufst Du jemandem Maschinen, kannst Du fragen, ob der Kunde bereits die Chance hatte, die Maschine in Betrieb zu nehmen, und Check-up-Services anbieten. Selbst Merchandise kannst Du im Rahmen von Aftersales verkaufen.

Durch gelungene Aftersales-Arbeit bleibst Du dem Kunden positiv im Gedächtnis. Du bist nicht einfach weg, nachdem der Kauf abgeschlossen ist, sondern bleibst weiterhin menschlich greifbar. Gemäß dem psychologischen Effekt der Peak-End-Rule bewerten Menschen Erlebnisse anhand des am intensivsten wahrgenommenen Moments und des Endes. Wenn sich Deine Kunden also am Ende gut aufgehoben fühlen, ist das für Dein Feedback und für potenzielle weitere Käufe bereits die halbe Miete.

Du kannst Aftersales auch nutzen, um Deinen Kunden auch Rabatte, Provisionen oder andere Vergünstigungen anbieten, falls sie für Dich weitere Kunden ausfindig machen. Auf diese Weise beziehst Du sie in Deine Zielgruppenbesitzer ein und stärkst den langfristigen Kontakt. So stellst Du sicher, dass sie Deine Leistungen deutlich positiver beurteilen. Als letzten Schritt im Verkaufsprozess schließt Du den Kreis: Frage Deine zufriedenen Kunden nach Bewertungen, zum Beispiel auf Onlineplattformen oder in den sozialen Medien. Wir schicken unseren Kunden dafür Links per Mail oder WhatsApp, über die sie direkt eine Bewertung bei Google abgeben können. Wenn Du die Bedürfnisse Deines Kunden rundum befriedigen konntest, ist er im Normalfall gerne dazu bereit, Dir eine gute Bewertung zu geben. Diese Bewertungen sind ein hervorragender Anknüpfungspunkt für neue potenzielle Kunden und unterstützen wiederum Deine Akquise und Dein Marketing. Der Kreislauf beginnt von vorn.

“Netzwerk ist die beste
Einwandbehandlung”

10 Langfristiger Erfolg im Vertrieb

Die richtigen Entscheidungen treffen

Wann immer Du Deinen Tag planst, ein Geschäft aufsetzt und abschließt oder auch einfach nur einen neuen Kunden ansprichst – jede Aktion birgt eine Entscheidung in sich. Du musst Dich pausenlos zwischen verschiedenen Optionen entscheiden. Es gibt Menschen, die ein zuverlässiges Bauchgefühl besitzen und intuitiv die richtigen Entscheidungen treffen. Den meisten von uns, insbesondere in einer neuen Karriere oder einem neuen Umfeld, ist aber ein solcher innerer Kompass nicht angeboren. Wir müssen ihn uns aneignen.

Falls Du also Schwierigkeiten damit hast, Dich zu entscheiden, kann ich Dich beruhigen:

Richtige Entscheidungen basieren auf Erfahrungswerten.

Interessanterweise verhält es sich meist so: Richtige Entscheidungen sind das Resultat von Erfahrungen und Erfahrungen sind das Resultat falscher Entscheidungen. Das bedeutet, die richtigen Entscheidungen sind die, die wir in der Folge falscher Entscheidungen treffen. Entscheidend ist, sich von falsch getroffenen Entscheidungen nicht ablenken oder lähmen zu lassen. Wer daheim bleibt, macht keine Erfahrungen, aus denen er lernen kann. Die ihm zeigen, ob er auf dem richtigen Weg ist oder nicht. Stürze Dich in die Aktion. Wenn etwas schief geht, analysierst Du Deinen Vorgehen, identifizierst die Fehler und machst es nächstes Mal besser. Und wenn alles glatt läuft, weißt Du automatisch, worauf Du nächstes Mal aufbauen kannst. Egal, wie das Resultat aussieht, Aktion bringt Dich im Leben voran. Stillstand nicht. Stillstand lässt Dich meilenweit hinter die Konkurrenz zurückfallen, denn alle anderen schreiten weiter voran. Das gilt insbesondere dann, wenn Du gerade erst damit startest, ein bestimmtes Produkt zu verkaufen. Dann weißt Du noch nicht, was am Markt funktioniert und was nicht. Natürlich kannst Du viel hin und her überlegen. Am Ende heißt es aber verschiedene Ansätze auszuprobieren und den beste für Dich zu finden – wer in Bewegung bleibt, bleibt im Rennen. Feile konstant an Deinem Vorgehen.

Sei es im Einstiegsgespräch, während der Einwandbehandlung, beim Marketing oder beim Vertragsabschluss. Denk immer daran: Fleiß siegt über Talent und Schlagzahl geht vor Schlagkraft. Auch mir kommen immer noch neue Ideen. Nicht alle funktionieren oder sind so bahnbrechend, wie ich im ersten Moment denke, aber ich probiere sie alle aus. Denn ich kann vorher nicht wissen, welche greifen. Manche machen mein Angebot zum Verkaufsschlager. Das passiert aber nur, weil ich mich dafür entscheide, es zu versuchen.

Gefährten auf dem Weg

Dabei rate ich Dir: Lerne von den Erfolgreichen. Such Dir Mentoren und Coaches, die bereits genau das erreicht haben, das auch Du erreichen willst. Zu viele Coaches verkaufen sich selbst zwar gut, sind aber bei Weitem keine Top-Verkäufer in ihrer Branche. Suche Dir jemanden, der zu Dir passt und der Dir das beibringen kann, was Du brauchst, egal, ob derjenige berühmt ist oder nicht. Es ist der Erfolg, der zählt. Als ich Maximilian Wolf kennenlernte, war dieser noch nicht der bundesweit bekannte Coach, der er heute ist. Ich erkannte aber, dass Max mir genau das beibringen konnte, was ich suchte.

Als ich seine Herangehensweise umsetzte, funktionierte sie vom ersten Tag an. Auf diese Weise fand ich den perfekten Einstieg in den Immobilienvertrieb. Es lohnt sich, Dir genau solche Mentoren und Coaches zu suchen, die Dir exakt das beibringen, das Dich interessiert, zugeschnitten auf Deine Bedürfnisse. Was bringt es Dir, wenn Du in die Schwermetallbranche einsteigen möchtest, Dir aber Rat bei einem Friseur suchst? Eher früher als später endest Du damit in der Sackgasse. Eigne Dir stattdessen genau das Wissen an, das für Dich in Deiner Situation ausschlaggebend ist, und finde Deinen Weg auf diese Weise.

Umgang mit Neid

Sobald Du Dir als erfolgreicher Verkäufer einen Namen gemacht hast, wirst Du mit ziemlicher Sicherheit vor die Herausforderung gestellt, den Neid anderer aushalten zu müssen. Insbesondere in Deutschland leben wir in einer regelrechten Neidkultur. Sobald jemand mehr verdient, mehr besitzt oder mehr Erfolg hat, wird es demjenigen missgönnt. Dabei spielt es auch gar keine Rolle, wie hart derjenige für seine Errungenschaften gearbeitet hat. Ich kann Dir nur raten, Dich über neidisches Gerede hinwegzusetzen und Dich davon nicht von Deinem Weg abbringen zu lassen. Neid folgt dem Erfolg auf dem Fuße und auch Du wirst ab einem gewissen Grad des Erfolges nicht darum herumkommen. Anstatt Dich negativ von Neidern beeinflussen zu lassen, sieh Neid als das, was es ist:

Neid ist auch nur Anerkennung.

Entwickle das Bewusstsein, dass all jene, die Dir mit Neid begegnen, lediglich mit sich selbst unzufrieden sind. Meistens sind sie in der Untätigkeit gefangen, können sich selbst nicht motivieren und gönnen daher auch niemand anderem Erfolg. Eventuell beschuldigen sie Dich auch, dass es bei Deinen Geschäften nicht mit rechten Dingen zugehe. Insbesondere wenn

Du ein Spätzünder wie ich bist, der seinen Weg erst finden musste, kannst Du Dich auf Neid gefasst machen. Unser Erfolg überrascht unser Umfeld einfach zu sehr.

Wir alle kennen Klassenkameraden oder Kollegen, bei denen keiner daran zweifelte, dass sie es mal zu etwas bringen werden. Sie sind clever, schreiben Bestnoten und haben Ambitionen. Daneben kennen wir aber auch diejenigen, von denen wir vermuten, dass sie früher oder später im Gefängnis oder in der Entzugsanstalt landen. Sie stammen aus schwierigen Verhältnissen, ihr Weg scheint aus mehr Stolper- als Pflastersteine zu bestehen und nicht einmal ihre eigenen Eltern glauben so recht daran, dass diejenigen es irgendwann zu etwas bringen.

Doch jeder, wirklich jeder, kann es zu etwas bringen, wenn er sich nur ausreichend anstrengt. So ging es auch mir. Es brauchte einige Lebensstationen, aber als ich fand, was mich antreibt, kam auch der Erfolg. Die meisten Menschen können sich das einfach nicht vorstellen. Ihre natürliche Reaktion: Neid. Insbesondere Menschen mit dem gleichen Hintergrund wie Deinem, die es zu weniger als Du gebracht haben, missgönnen Dir Geld und Ruhm. Dabei hätten sie es selbst auch so weit bringen können. Leider bedeutet Neid oft auch den Zerfall alter Freundschaften. Daher musst Du bereit sein, Dich von Menschen aus Deinem Leben zu verabschieden, die Dir auf Deinem Weg nicht folgen können oder wollen. Sonst halten sie Dich unten und Deine Entwicklung auf. Sie leben den Stillstand, Du aber musst in Bewegung bleiben. Schlägst Du eine neue Richtung ein, triffst Du auch neue Menschen und machst neue Bekanntschaften, die Deine Entwicklung unterstützen werden und Dich weiter voranbringen. Das bedeutet nicht, dass DU vergessen sollst, wo Du herkommst oder wer und was Dich zu dem gemacht hat, der Du heute bist. Bleib bodenständig und wertschätze Deine Wurzeln, aber lass Dich von Menschen nicht aufhalten, die Dir vorwerfen, DU hättest sie verraten oder hinter Deinem Rücken über Dich reden. DU bist ihnen nichts schuldig. Nur Dir selbst.

Umgang mit Erfolg

Folgst Du den Hinweisen, die ich Dir bis hierhin gegeben habe, bist Du auf dem besten Weg zum Erfolg als Verkäufer. Damit Dir dieser Erfolg langfristig erhalten bleibt, solltest Du lernen, mit ihm umzugehen, denn viele lassen sich von den ersten Begleiterscheinungen ihres Erfolges ablenken. Wie viele Menschen verlieren sich in den Reichtümern, die sie angehäuft haben? Sie büßen ihre gesunde Urteilsfähigkeit ein und verlieren jeglichen Sinn für Realität. Der Erfolg, der sie erst in diese Lage brachte, entpuppt sich als langsam enger werdende Schlinge um den Hals. Das alles muss aber nicht sein, wenn Du lernst, richtig mit Erfolg und seinen Effekten umzugehen. Daher rate ich Dir Folgendes:

Bleib demütig und dankbar. Vergiss nicht, woher Du kommst und was Dich zu dem gemacht hat, der Du bist. Bleib dankbar für die Chancen, die Dir das Leben gegeben hat. Sei auch dankbar für die Herausforderungen, an denen Du wachsen kannst. Bedenke: Gesundheit, Zwischenmenschlichkeit und Freude sind nur schwer bis gar nicht zu ersetzen.

Bleib authentisch. Gib Dich als Du selbst und als niemand sonst. Nur weil Du Dir mehr leisten kannst, macht Dich das nicht automatisch zu einem besseren Menschen. Lass nicht zu, dass Geld Dich korrumpiert.

Bleib auf dem Boden, auf dem auch alle anderen stehen. Pflege den Kontakt zu den Menschen um Dich herum. Egal, ob schon ewig an Deiner Seite oder neu hinzugekommen. Dein Erfolg gibt Dir nicht das Recht, auf andere hinabzusehen.

Ich behalte mein Umfeld im Blick und bleibe für meine Freunde der, den sie schon seit Jahren kennen. Natürlich wandeln sich Freundschaften und Du wirst Dich im Rahmen Deiner Karriere weiterentwickeln, was auch zu neuen Freundschaften führt. Auch wird Deine Verkäuferkarriere zunehmend mehr Deiner Zeit beanspruchen.

Das ändert aber nichts an Deinem Kern, Deinen Werten und wie Du Menschen behandelst. Gib Deinem Umfeld nie das Gefühl, dass Du aufgrund Deines Erfolges nichts mehr mit ihnen zu tun haben willst. Um meinem Umfeld deutlich zu machen, dass mir selbst in Zeiten von viel Arbeit etwas an ihnen liegt, veranstalte ich zum Beispiel jedes Jahr ein großes Hoffest mit kostenlosem Essen und Trinken für alle Gäste. In Zeiten von Onlinekontakten, Videokonferenzen und Sprachnachrichten finde ich es enorm wichtig, sich im wirklichen Leben zu treffen und auszutauschen. Je wohlhabender Du wirst, desto mehr solltest Du Dich um Dein Umfeld kümmern, nicht andersherum. Bleib nahbar und bleib vor allem Du selbst.

Wofür bist Du dankbar?

____

____

____

____

____

____

____

____

Wer hilft Dir, auf dem Boden zu bleiben?

Hungrig bleiben

Die letzte, aber wahrscheinlich wichtigste Denkweise, die ich Dir für Deinen langfristigen Erfolg mitgeben möchte: Bleib hungrig. Sobald Du anfängst, Dich auf Deinem gegenwärtigen Erfolg auszuruhen, gefährdest Du Deinen Erfolg in der Zukunft. Dein bisheriger Erfolg sollte Dich zu mehr antreiben – nicht zur Faulheit. Wenn etwas nicht gut funktioniert, ändere es, bis es funktioniert.

Wenn etwas funktioniert, nutze den Erfolg als Vorwärtsschub. Verinnerliche den Wunsch, etwas in Deinem Leben zu erreichen, etwas Positives zu schaffen und es den Menschen zu hinterlassen. Ich selbst stamme nicht aus einer Unternehmerfamilie. Insofern ist mein Hunger danach, etwas aus mir zu machen und mich zu beweisen, vergleichsweise stark.

Ich möchte als Beispiel für andere vorangehen und ihnen zeigen, was allein mit Fleiß möglich ist. Unabhängig von Deinem persönlichen Hintergrund solltest Du beständig an Dir arbeiten und nicht nachlassen. Sei Dir nicht zu schade, Mehrarbeit zu investieren, auch am Wochenende oder während des Urlaubs. Für mich ist das keine Belastung, sondern Erfüllung und so solltest auch Du Deine Arbeit sehen. Dein Erfolg und Deine Zukunft hängen davon ab, wie viel Du willens bist, einzusetzen. Sieh das Verkaufen als etwas, das Dich genau zu dem bringt, das Du erreichen willst. Deine Arbeit ist kein lästiges Übel, sondern der Weg, der Dich Schritt für Schritt zum Erfolg führt. Der Weg ist dabei das Ziel. Sobald Du einen Meilenstein erreicht hast, setze Dir den nächsten und entwickle Freude an der Aussicht, wieder auf etwas hinarbeiten zu können. Die Lust nach mehr sollte mindestens so stark sein wie die Freude am bereits Erreichten.

Ich habe inzwischen viele meiner Ziele erreicht, doch auch ich finde immer noch neue, die mich motivieren, weiter in Bewegung zu bleiben. Eines meiner nächsten Ziele ist, von überall aus arbeiten zu können. Egal, wie Deine nächsten Ziele aussehen, ob es finanzielle Unabhängigkeit, bestimmte Reiseziele, neue Abenteuer, Eigenheim oder die Absicherung der Familie ist, Du kannst alles erreichen, was Du Dir erträumst – solange Du in Bewegung bleibst. Verinnerliche Dir Deine Ziele und male sie Dir in allen Einzelheiten vor dem inneren Auge aus. Das hilft Dir dabei, Dich zu motivieren, wenn Du durchhängst oder Dich in Details zu verlieren drohst.

Es liegt an Dir, die Reise hin zu Deinen Zielen anzutreten. Niemand wird sie für Dich gehen. Nur Du allein trägst die Verantwortung für Deinen Erfolg. Glaube an Dich und setze Dir das Ziel, der erfolgreichste Verkäufer zu werden, den die Welt gesehen hat. Nimm Deinen Erfolg selbst in die Hand. Verlass Dich nicht darauf, dass irgendwann jemand kommt, der Dir den richtigen Weg zeigt – finde Deinen Weg selbst, geh ihn und er wird sich vor Dir ausrollen wie ein roter Teppich.

Dein Weg zum Topverkäufer

Wenn Du auf Deinem Weg zum Topverkäufer nicht so viele Umwege machen möchtest wie ich, Du stattdessen als Verkäufer direkt in die Branche einsteigen willst, in der Du am meisten Geld verdienen kannst, dann hast Du als Leser meines Buches eine exklusive und einzigartige Chance.

Gehe auf den folgenden Link und melde Dich bei mir und meinem Team. Bei einem kurzen Gespräch schauen wir, ob wir zusammenpassen. Wenn ja, dann nehme ich Dich an die Hand und zeige Dir persönlich den Weg zum Top-Verkäufer in der Immobilienbranche:

Zur Website

11 Danksagung

Am Ende eines jeden Buches steht die Danksagung. Oft langweilig formuliert und von vielen überlesen, ist sie nicht gerade der wichtigste Teil des Buches. Für mich ist diese Danksagung aber einer der wichtigsten Teile meines Buches! Warum? Weil sie an die Menschen gerichtet ist, die mir Halt geben und die mich zu dem gemacht haben, der ich jetzt bin.

Also zu dem, der dieses Buch geschrieben hat. Der größte Dank gebührt meiner Mutter Annemarie. Diese unglaublich starke Frau, die erst einen Sohn und dann zwei Ehemänner auf tragische Weise verlor, selbst seit knapp 30 Jahren im Rollstuhl sitzt und trotz allem immer für mich da war und ist. Von ihr habe ich definitiv meinen Kampfgeist. Ebenso bin ich meiner „Lieblingsschwester" Andrea zu großem Dank verpflichtet. Dafür, dass sie mich damals so selbstverständlich bei sich aufgenommen hat und auf eine so selbstverständliche Art und Weise die große, starke Schwester für mich war und immer noch ist! Dank schulde ich natürlich auch meiner lieben Frau Tanja. Dafür, dass sie mir immer den Rücken stärkt und an mich und meine Träume glaubt. Abschließend möchte ich mich bei meinem engsten Freundeskreis bedanken, der einiges mit mir aushalten muss/darf und immer für mich da ist. Liebe Sichis, Krautis, Millers, Ungers, Hartmanns, Wolfs, Kuisls, Bräutigams, Thanners, Kleins, Mayers, Baeyens,, liebe Lieblinsrebekka, liebe Schwester Bea, lieber Brudi Dirk und Gary – schön, dass es euch gibt und danke für alles!

12
Über den Autor

Trotz schwerer Schicksalsschläge in der Kindheit und ernsten Erkrankungen, die bis heute nachwirken, ging Christian Ludl unbeirrt seinen Weg hin zum Erfolg: von der Arbeit auf der Baustelle über das Fußballmanagement bis hin zum klassischen Vertrieb. Nachdem er aus Liebe zum Sport und auch als Ausgleich zum Beruf eine ganze Zeit das Fußballspielen über alles gestellt hatte, wandte er sich schließlich mit Herz und Seele dem Vertrieb zu.

Sein Ziel und gleichzeitig seine Überzeugung: mit der Kunst des Verkaufens die Welt ein Stückchen besser machen. Mit diesem Buch möchte er nun seine Überzeugung sowie sein Wissen an andere weiterzugeben. Die verschiedenen Stationen seiner beruflichen Karriere zeigten ihm viele Gegenden Deutschlands, doch seine Heimat blieb stets Augsburg. Hier lebt Christian Ludl seinen Traum als Verkäufer. In nur drei Jahren brachte er es zu enormem finanziellem Erfolg und einer Firma mit stetig wachsender Mitarbeiterschar.

Trotz allem blieb er bodenständig und nahbar. Wenn er nicht mit Hündin Peppi im Büro ist, findet man ihn auf dem Sportplatz beim TSV Dinkelscherben oder auf dem Weg zu einem neuen Kunden für einen weiteren erfolgreichen Verkauf.

ForwardVerlag

Dir hat das Buch gefallen?

Wir freuen uns über jede Rezension bei Amazon.

Mit deiner Rezension unterstützt du uns, bei Amazon eine verbesserte Sichtbarkeit zu erhalten. Dies hilft vielen Menschen sehr weiter.

Sende uns gerne eine E-Mail mit einem Screenshot von deiner Bewertung bei Amazon und erhalte ein tolles Geschenk von uns.

E-Mail: info@forwardverlag.de

Du hast Interesse an unseren Büchern?

Zum Beispiel als Geschenk für Deine Kunden oder Mitarbeiter?

Dann fordere unsere attraktiven Sonderkonditionen an.

info@forwardverlag.de

ForwardVerlag

"Chefsache Vertrieb: Vertriebsführung mit System" - von Tobias Epple

SPIEGEL Bestseller

manager magazin Bestseller

Dein Unternehmen leidet, ohne dass Du es siehst. Die offene Wunde: Dein Vertrieb.
Oder hast Du das volle Umsatzpotenzial Deines Marktes bereits ausgeschöpft? Nein?
Dann hältst Du das richtige Buch in der Hand.
Der renommierte Vertriebsprofi Tobias Epple demonstriert nach seinem Vertriebs-Bestseller "Verkaufen mit Herz", was unzählige CEOs der leichten Jahre noch nicht erkannt haben: In Krisenzeiten überleben nur die Unternehmen, die den Vertrieb radikal ins Zentrum stellen.
Vertrieb muss zur Chefsache werden.

ISBN: 398755052X

www.forwardverlag.de

Amazon Bestseller

“Keine Zeit - Bin im Stress” von Rainer Kapellen

Amazon
Bestseller

Die Zeit läuft dir davon - und um alles zu bewältigen müsste dein Tag eigentlich 48 Stunden haben? Du bist im Stress?

In diesem Buch wird gezeigt, wie du mit Stresssituationen im Alltag umgehen kannst und wie solche Situationen vermieden werden können. Du findest viele kleine nützliche Tipps und Strategien, die du schnell und mühelos in deinen Alltag übernehmen kannst. Du lernst, wie du deinen Stress reduzierst. Du wirst ausgeglichen, vital, leistungsstark und bist voller Energie.

ISBN: 978-3947506880

www.forwardverlag.de

ForwardVerlag

“Du kannst nicht nicht verkaufen: Beruflicher und privater Erfolg dank der 22 Gesetze eines Topverkäufers” von Maurice Bork

SPIEGEL Bestseller

manager magazin Bestseller

Wir alle verkaufen. Wenn wir unserer Chefin erklären, warum wir eine Gehaltserhöhung verdienen. Wenn wir während eines Dates für uns werben. Oder wenn wir unsere Kinder für Brokkoli begeistern möchten. Ob wir es nun wahrhaben wollen oder nicht, am Ende verkaufen wir – unsere Argumente, unser Auftreten, unsere Ansichten. Sofern wir das verinnerlichen, so nützt uns diese Haltung in vielen Lebenslagen. Denn Verkaufen bedeutet in erster Linie, Menschen zu respektieren, ihre Handlungsweisen zu ergründen, um sie schließlich zu überzeugen.

ISBN: 3987550643

www.forwardverlag.de

ForwardVerlag

"Entrepreneurshit - So präsentiert sich wahres Unternehmertum" von Daniel Weiner

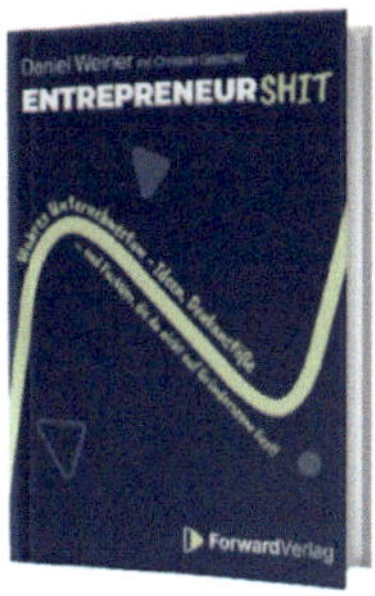

Warum besitzt jeder von uns ein Wirecard-Gen? Was können wir von Joko Winterscheidt und Kevin Großkreutz übers Durchhalten lernen? Wieso kennt sich Christian Lindner so gut mit Dornen aus? Und weshalb wird in erfolgreichen Gründerstorys meist der Weg durch die Hölle ausgelassen?

Dieses Buch erzählt neben vielen positiven Geschichten aus dem Gründertum auch einiges über den wahrhaftigen Entrepreneurshit. Unverfälscht, unbekümmert, ungeprahlt, aber nicht unüberlegt.

ISBN: 978-3-947506-69-9

www.forwardverlag.de

ForwardVerlag

"Ziele sind für Loser"
von Nicolas Kröger und Florian Höper

Wie Du durch die richtigen Gewohnheiten über Dich selbst hinauswächst und wahre Größe erreichst. Ein Buch für Menschen mit wahren Ambitionen.

ISBN: 978-3-98755-039-3

www.forwardverlag.de

ForwardVerlag

"Anstand statt Ellbogen: Wie Sie zu dem Menschen werden, dem Sie selbst gern begegnen möchten" von Birte Steinkamp & Clemens Graf von Hoyos

manager magazin
Bestseller

Wir sind Kniggetrainer und haben die Schnauze voll! Davon, dass uns von allen Seiten erzählt wird, wie wir uns zu verhalten und benehmen haben – ganz gleich, ob das einer überzogenen Erwartungshaltung oder persönlichen Glaubenssätzen entspringt.
Dieses Buch ist unsere Handreichung für einen bewussten und guten Umgang mit Menschen. Nicht um jeden Preis, aber aus eigener Überzeugung. Mithilfe unseres 4i-Modells – Ideale, Image, Interaktion und Instrumente – wird ein authentisch-professionelles Auftreten für Sie zur Selbstverständlichkeit.

ISBN: 3987550538

www.forwardverlag.de

Amazon Bestseller

“Verkaufen mit Herz: Direkt. Ehrlich. Effizient”
von Tobias Epple

SPIEGEL Bestseller-Autor

Amazon **Bestseller**

Jeder von uns muss verkaufen, sei es das Produkt der Firma oder sich selbst im Bewerbungsgespräch, bei einer Präsentation und im persönlichen Gespräch mit Partner, Kindern oder Freunden. Denn verkaufen ist nichts anderes als zu Überzeugen. Du teilst Deine Überzeugung von Deinem Produkt, Deiner Idee oder Deinen Werten so mit, dass andere sie verstehen. Doch wie geht das nun, ohne zu manipulieren? Ohne Dich unwohl zu fühlen? Ohne aufdringlich zu wirken? Kurzum: Wie kannst Du Deine Werte wahren und trotzdem gut verkaufen? All das lernst Du in diesem Buch.

ISBN: 9783987550201

www.forwardverlag.de

ForwardVerlag

"Dieses Buch wird Dein Leben verändern"
von Florian Höper

Es gibt ihn doch! Einen faszinierend einfachen Weg zum Glück. Dieses Buch ist wertvoller als ein Sechser im Lotto. Denn es kann Dein Leben mehr verändern als Millionen auf Deinem Konto es jemals könnten.

Was der Autor herausfand, ist so bahnbrechend wie erstaunlich zugleich: Glück und Erfolg sind viel einfacher zu erreichen als gedacht. Es ist nur so, dass die meisten von uns bisher völlig falsch an die ganze Sache herangegangen sind. Doch Du kannst es jetzt einfach richtig machen: Lass dieses Buch Dein Leben verändern. Denn auch Du hast Glück, Erfolg und Erfüllung verdient.

ISBN: 978-3-98755-038-6

www.forwardverlag.de

ForwardVerlag

Wann hören wir eigentlich auf zu lernen?
Am besten niemals!
Unsere Bestseller zur
Persönlichkeitsentwicklung!

www.forwardverlag.de